山东社会科学院出版资助项目

环境规制对中国海洋经济增长影响效应研究

赵玉杰 著

Research on the
Impact of Environmental
Regulation on China's Marine
Economic Growth

中国社会科学出版社

图书在版编目(CIP)数据

环境规制对中国海洋经济增长影响效应研究 / 赵玉杰著 . —北京：中国社会科学出版社，2020.6

ISBN 978-7-5203-6308-2

Ⅰ.①环…　Ⅱ.①赵…　Ⅲ.①环境规划—影响—海洋经济—经济增长—研究—中国　Ⅳ.①P74

中国版本图书馆 CIP 数据核字(2020)第 065066 号

出 版 人	赵剑英
责任编辑	李庆红
责任校对	王佳玉
责任印制	王　超

出　　版	中国社会科学出版社
社　　址	北京鼓楼西大街甲 158 号
邮　　编	100720
网　　址	http：//www.csspw.cn
发 行 部	010-84083685
门 市 部	010-84029450
经　　销	新华书店及其他书店

印　　刷	北京君升印刷有限公司
装　　订	廊坊市广阳区广增装订厂
版　　次	2020 年 6 月第 1 版
印　　次	2020 年 6 月第 1 次印刷

开　　本	710×1000　1/16
印　　张	14.25
插　　页	2
字　　数	227 千字
定　　价	79.00 元

凡购买中国社会科学出版社图书，如有质量问题请与本社营销中心联系调换
电话：010-84083683

前　言

随着中国经济的快速发展，环境压力日益严峻。一方面，中国国际地位不断提升，相应承担的环境责任和义务不断增加；另一方面，资源环境对经济发展的约束日益凸显。与此同时，中国沿海地区经济发展高度依赖海洋经济，党的十九大报告提出"坚持海陆统筹，加快建设海洋强国"的指导方针，明确了海洋经济在国民经济发展中的重要地位和关键作用。"推进绿色发展是建设美丽中国的重大举措"，海洋经济同样需要绿色发展，处理好保护环境与经济增长的制衡关系是海洋经济绿色发展的关键与核心。环境规制在规范和引导海洋经济持续健康发展中发挥着重大作用。

有鉴于此，本书研究重点集中在中国沿海省域层面，回答"环境规制对中国海洋经济增长产生怎样的影响效应"这一重要问题，揭示环境规制影响中国海洋经济增长的主要特征和发展趋势，为促进海洋经济绿色发展提供理论基础和现实依据。

本书利用 2006—2015 年中国沿海地区 11 个省份海洋经济面板数据，从时间和空间维度，运用多种计量方法评估环境规制强度、不同工具选择对海洋经济增长的影响。理论部分建立分析模型，在假定资本、劳动力和资源等生产要素组合不变的条件下，环境规制可以通过影响经济技术效率、技术生产前沿最终对经济增长产生影响。据此，实证部分首先考察分析环境规制对中国海洋经济技术效率的影响、环境规制对海洋经济技术创新的影响；在此基础上在生产模型中将环境污染作为非期望产出，计算海洋经济绿色全要素生产率；并通过对非期望产出的不同处置性假定，模拟分析实施环境规制前后的海洋经济全要素生产率增长指数的变化，分析环境规制对海洋经济增长的影响效应；最后实证检验环境规制对海洋经济增长收敛效应的影响。通过研究，本书从优化环境规制工具、创新制度建设、调整产业结构、推动要素组合高端化、增强技术创新水平五个方面提出政策建议。

本书的创新见解主要包括以下几个方面：

（1）2006—2015年中国海洋经济技术效率整体水平不高，随时间推移表现出波动变化，并有下降趋势；在空间上则表现为海洋经济技术效率空间异质性呈现缩小趋势。短期总效应和长期总效应评估中，以工业排污费为代表的预防型环境规制影响效应不显著；以末端控制为目标的控制型环境规制对海洋经济技术效率有显著负向影响效应，且负向影响随时间推移呈现增加趋势，是环境规制抑制海洋经济增长的主要原因。

（2）短期内预防型环境规制对海洋技术创新有显著挤出效应，中长期对海洋技术创新有显著促进作用（滞后期为3年），一定程度上证实了弱波特假说在海洋经济领域是有效的。控制型环境规制对海洋技术创新具有显著短期效应，呈现负向挤出作用。预防型环境规制和控制型环境规制对发明专利型海洋技术创新没有显著门槛效应，说明控制其他影响因素，仅通过增加环境规制强度不能显著提高海洋技术的原始创新能力。

（3）现阶段考虑环境规制约束的海洋经济绿色生产率呈现负向增长，显示出环境规制对中国海洋经济增长呈现阻滞效应，海洋经济领域不支持强波特假说，原因在于以控制型环境规制为主的规制结构显著抑制了海洋经济效率的提升；环境规制引致的技术创新对经济增长驱动力不足。

（4）海洋经济绿色生产率增长存在条件收敛，沿海各省市海洋经济绿色生产率增长均具有稳定增长路径。长期看，合理的环境规制能够促进沿海地区海洋经济发展趋向区域平衡增长稳态。

目　　录

第一章 引言

第一节 问题的提出

一 背景与意义

1970年4月22日第一个世界地球日标志着现代环境运动的开始。自此，环境运动蓬勃发展，发达国家不断增加环境治理支出用于阻止或减少工业和商业活动产生的环境污染；相关环境规制机构诸如美国环境保护署（EPA）等相继成立。国外规制实践与理论研究重心逐步转向社会性规制。然而环境问题并未得到有效遏制或者改善，全球气候变暖、污染物大量排放、自然资源严重退化等一系列生态问题更加突出，直接威胁人类的生存环境。同时，发达国家尤其是美国不断增加环境执行成本的同时，经济领域却出现贸易逆差、制造业大量外移的现象，使环境规制研究者怀疑，环境规制是否与产业竞争力、经济增长存在因果关系，并进行了大量相关研究。

反观今天的中国，随着经济的快速发展，环境压力日益增大。一方面，随着中国国际地位的提高，承担的环境责任和义务不断增加；另一方面，过去经济高速增长建立在高污染、高消耗、高排放的粗放式经济增长方式之上，资源环境对经济发展的约束日益凸显。2018年生态环境部环境规划院发布《环境经济政策年度报告2017》显示，2004—2015年中国生态环境退化成本持续增加，增速与同期经济增速大体相当；而且生态环境退化成本在空间上主要分布于东部沿海地区。2017年生态环境部环境规划院发布《中国环境经济核算报告2013》进一步显示，2013年环境污染成本为15794.5亿元，较2006年增长142.7%，年均增速 13.5%；2013 年虚拟治理成本较 2006 年增长 69.6%，年均增速 7.8%。这些数据反映出，自实施环境规制政策以来，环境质量改善并未达到预期效果，环境污染代价随经济增长而不断上升。经济增长面临供给侧改革与需求侧引导的结构转型，环境污染治理压力日益增大，研究环境规制与经济增长关系意义重大。

21 世纪世界进入海洋时代，经济的发展高度依赖海洋，海洋经济为世界经济发展注入不竭动力。占世界陆域面积仅 1% 的中国沿海地区，承载了全球 5 亿多人口，创造了近 8.35% 的全球经济总量。今天的中国正处在经济高速增长向高质量发展的转变阶段，无论是经济结构优化或是增长动力转换都面临严峻的攻关期。海洋生态文明建设、海上丝绸之路、"一带一路"倡议等不断深入实施，海洋经济在国家经济发展格局中的作用更加重要。党的十九大报告为海洋经济在国民经济发展中的地位和作用指明了方向，即"坚持海陆统筹，加快建设海洋强国"。

改革开放以来，海洋经济总量持续增长，经济结构不断优化，海洋经济规模逐步提升。据《2017 年中国海洋经济发展公报》显示，2017 年全国海洋生产总值 77611 亿元，比 2016 年增长 6.9%，海洋生产总值占国内生产总值的 9.4%；海洋产业结构第一、第二、第三产业比例关系为 4.6 : 38.8 : 56.6。同时也注意到，海洋经济在快速发展中存在重近岸开发，轻深远海域利用；重资源开发，轻生态效益；在发展规划中重短期利益，忽视长远发展谋划；产业结构重资源型，高能耗、传统海洋产业占比较大等突出问题（杨朝飞等，2015）。数据显示，"十一五"期间，中国海洋生产总值年均增长 13.5%，"十二五"期间，海洋生产总值年均增速降至 8.4%。海洋生产总值的增速虽略高于同期国民经济的增速，但明显趋缓回落。海洋经济发展面临转变经济增长方式、转型升级产业结构的重大挑战。长期重速度轻质量的增长方式导致海洋经济发展面临巨大的资源环境压力。随着沿海地区产业集聚水平的增强和集聚规模的扩大，资源短缺和环境损害不但损害人类的健康与生活质量，而且背离海洋经济发展的终极目标。

面对上述严峻的发展问题，政府高度重视环境与经济的协调双赢。2012 年十八大提出"推进生态文明建设"。2013 年习近平总书记在中共中央政治局第八次集体学习时强调指出，要保护海洋生态环境，着力推动海洋开发方式向循环利用型转变。2015 年《关于加快推进生态文明建设的意见》将生态文明建设首次列入"十三五"规划，强调建设资源节约型、环境友好型社会，海洋经济发展由单纯追求工业文明，转变为最大限度获取基于人与自然和谐发展的物质与精神财富。"绿水青山就是金山银山"的绿色发展观已经成为指引现代化经济发展的重要理念。2017 年党的十九大报告明确提出，推进绿色发展是建设美丽中国的重大举措。海洋经济同样需要绿色发展，需要加快形成节约资源和保护环境的空间格局、产业结构、生产方式及生活方式。

与上述挑战相伴随的是海洋经济增长空间效应的深刻变化。海洋环境的系统性和脆弱性进一步增强了沿海地区环境污染的外部性，环境规制显得更为重要。沿海地区长期"先污染、后治理"的增长方式，使当前土地、资源、环境等要素价格急剧上涨，经济发展结构性矛盾突出。处理好保护环境与发展经济的制衡关系是海洋经济绿色发展的关键与核心，因此，环境规制在规范和引导海洋经济持续健康发展中发挥重大作用。地方政府应通过制定环境规制，提高环境门槛，引导海洋产业结构调整升级，促进区域海洋经济转型。由于环境资源的稀缺性，环境污染的外部性和公共物品性以及微观经济主体机会主义的存在，单纯依靠市场机制难以解决环境污染外部性问题，需要成熟有效的环境规制规范引导解决这些市场失灵问题，促进资源的高效配置。在此背景下，研究环境规制对海洋经济增长的作用关系，回答"环境规制对中国海洋经济增长产生怎样的影响效应"这一问题，具有重要的理论与现实意义。

二 探讨的主题

20 世纪 70 年代以来，学者们围绕环境规制与经济增长关系进行了大量理论研究和实证研究，并未得到统一的研究结论。其中"波特假说"理论为这一研究热点注入了新的活力。"波特假说"从动态视角研究环境规制对经济增长的作用机理，认为设计合理的环境规制在一定条件下能够激励企业进行创新，提高生产效率，获取先发优势，进而获得更多的收益弥补环境规制的成本效应，最终促进企业竞争力的提升，在宏观层面将促进经济增长。环境规制能够激发创新效应成为"波特假说"的核心。尽管"波特假说"的普适性受到质疑，但是也存在很多实证研究验证了"波特假说"的存在,尤其是"波特假说"理论反映出的"绿色、创新"发展观点与今天推行的发展理念相一致。实施严格的环境规制规范经济活动,体现了保护环境的绿色发展观;实施严格的环境规制以激发企业创新为目的,通过创新驱动经济发展活动,体现了增强创新驱动的创新发展观。

基于上述研究背景,本书通过检验"波特假说"理论,探讨环境规制对海洋经济增长的影响效应。首先,本书在理论上阐述环境规制影响经济增长的作用机理,并建立分析的理论框架。其次,将环境规制影响海洋经济增长分解为环境规制对海洋经济效率的影响和环境规制对海洋经济技术创新的影响两个方面分别进行检验验证,以便对总的影响效应做出相应解释。转变经济增长方式,实现绿色发展的重要标志之一是经济增长由资本投资驱动转向全要素生产率驱动。因此环境规制对海洋经济增长的影响效应最终体现在环境规制对海洋经济绿色全要素生产率的影响。最后,实施合理的环境规制政策依赖于环境规制强度、执行力度以及规制工具的选择等多种因素。在对环境规制影响海洋经济增长特征及区域差异性分析的基础上,可以对环境规制政策结构与设计重点进行适当调整,以更好发挥对环境保护和海洋经济增长的"双赢"作用。通过研究分析,可以为环境规制政策调整提供现实依据和参考建议。

第二节　相关概念界定

一　环境规制

规制一词源于"Regulation"的译文,有的学者译为管制,本书认为管制更强调约束力的强制性,与现代环境经济政策多元化主体发展趋势相违背,而规制一词能较好地反映对经济活动的规范与约束,因此本书选用规制的译法。

早在 20 世纪 70 年代以前,学者们已经开始研究政府的规制行为;而真正以经济学为基础研究规制行为开始于 20 世纪 70 年代,以 1971 年斯蒂格勒发表的《经济规制论》为代表,标志着政府规制经济学的初步形成。20 世纪 80 年代,美国、英国、日本等发达国家逐渐拓展规制行为，对自然垄断的规制体系进行重大改革，并开始加强对环境保护、产品质量与安全、卫生健康等与人类生活质量和健康密切相关内容的规制，不断拓展规制内涵，推动规制经济理论的完善与发展。日本金泽良雄教授将规制定义为"在以市场机制为基础的经济体制条件下，以矫正改善市场机制内在的问题（广义的'市场失灵'）为目的，政府干预和干涉经济主体（特别是企业）活动的行为"（转引自植草益等，1992）。日本经济学家植草益对这一概念进行了详细论述，根据约束的微观经济活动内容将规制分为经济性规制（主要处理自然垄断和信息偏在问题）和社会性规制（主要处理外部不经济和非价值物问题），并将社会性规制定义为"以保障劳动者和消费者的安全、健康、卫生、环境保护、防止灾害为目的，对物品和服务的质量及伴随着提供它们而产生的各种活动制定一定标准，并禁止、限制特定行为的规制"（植草益等，1992）。本书所要研究的环境规制属于社会性规制范畴。

环境规制是市场经济条件下国家干预经济政策的重要组成部分，是政府为限制环境污染、改善环境质量，对涉及环境问题的微观经济主体进行的规范与制约。随着环境规制的应用与发展，环境规制主体与规制工具形式不断丰富（见表1-1）。有关环境规制体系的详细论述见本书第四章。

表1-1　　　　　　　　　　环境规制含义的拓展

环境规制含义	规制者	规制对象	规制工具
基本含义	国家	个人、组织	命令—控制型
第一次拓展	国家	个人、组织	命令—控制型、市场激励型
第二次拓展	国家、协会	个人、组织	命令—控制型、市场激励型、自愿型
第三次拓展	国家、协会、公众	个人、组织	命令—控制型、市场激励型、自愿型、公众参与型等

资料来源：赵玉民、朱方明、贺立龙：《环境规制的界定、分类与演进研究》，《中国人口·资源与环境》2009年第6期。

二　绿色发展

环境规制最初产生的目的是解决环境问题，预防和控制环境污染，但并不意味着环境规制约束抑制经济活动，追求零污染。人类对环境问题的认识经过一个长期的历史过程，最终发现环境问题就是发展问题。环境污染很大程度上源于过去过多依赖资源消耗、规模扩张的粗放型发展方式。环境污染和环境公害需要通过绿色发展得以根本解决。绿色发展的关键问题是解决经济生产与生态环境保护之间的矛盾。因此，现代环境规制的目的是推进绿色发展，通过实施严格的环境规制倒逼企业创新，转变传统发展方式，节能减排，实行绿色清洁生产；通过经济结构转型升级将环境污染和废物排放控制在环境承载容量范围内。

党的十八大以来，"绿水青山就是金山银山"的绿色发展理念深入人心。绿色发展是尊重自然、顺应自然、保护自然，谋求人与自然和谐统一的发展观，是对传统生态观的创新发展，将成为海洋经济持续增长的重要支撑，为新时代环境规制政策的发展指明方向。具体阐述如下：

（1）绿色发展的理念充分体现了现代环境规制是海洋经济持续增长的重要保障。"生态兴则文明兴，生态衰则文明衰""保护生态环境就是保护生产力，改善生态环境就是发展生产力"等新时期对绿色发展的重要论断，更加深刻地指出，必须通过制定合理的环境规制解决人类文明发展与自然环境恶化之间的矛盾，这是未来人类永续发展的必然选择。

（2）绿色发展理念阐明了实现良好环境与经济快速增长双赢的根本途径。通过制度创新和技术创新，推动传统产业向绿色产业升级，培育环保绿色产业发展；最终通过构建资源节约型、环境友好型绿色产业结构，解决长期以来环境与经济增长的制衡局面。因此在衡量环境规制工具有效性时，需要有长远规划，以是否推动绿色发展、循环经济、低碳经济为衡量标准。

（3）绿色发展理念强调以人民为中心的深厚情怀。"良好生态环境是最公平的公共产品，是最普惠的民生福祉""环境就是民生，青山就是美丽，蓝天也是幸福"等重要论述，生动描述了人民对良好生态环境的渴望与诉求。这要求现代环境规制不断完善信息披露型规制工具，畅通公众反映环境诉求的渠道，鼓励公众参与环境治理。

只有以绿色发展理念为指导，充分认识环境与经济的辩证统一关系，解决好人与自然和谐共生问题，才能真正实现环境规制对经济增长的促进作用。

第三节 研究内容与研究方法

一 研究内容

根据研究结构图 1-1，本书研究首先提出研究问题，围绕研究问题做文献综述，然后以环境规制作用经济增长的相关理论为基础，建立理论模型，阐明环境规制影响经济增长的作用机理和传导路径。同时介绍并归纳中国环境规制政策的发展特点，作为环境政策分析背景。实证部分以中国沿海地区 11 省份为研究对象，从经济技术效率、技术创新和全要素生产率三个层面对环境规制影响海洋经济增长作实证分析，检验环境规制的垂直传导路径，并作相关分析。最后，综合理论研究与实证分析，结合中国环境规制政策发展特点与发展趋势，为环境规制能更好地促进环境与经济的协调统一，实现海洋经济绿色发展，提出政策建议。具体而言，研究内容如下：

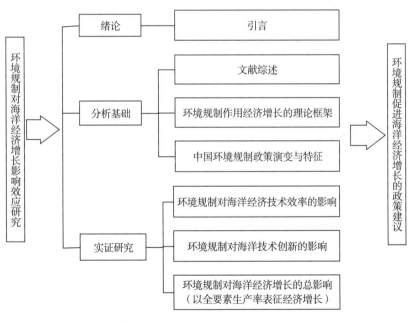

图 1-1 研究结构

　　第一章为引言，作为本书的总论部分，首先阐述本研究的选题背景和意义，并提出研究的主要问题；然后安排研究结构，并详细阐述主要研究内容和研究方法；最后阐明研究的创新点和不足之处。

　　第二章为文献综述部分，主要围绕环境规制对经济增长的影响，从环境规制影响经济技术效率、技术创新和生产率三个方面梳理相关文献，并做简要总结性评述。

　　第三章为环境规制作用经济增长的理论框架，梳理了环境规制影响经济增长的重要理论，并基于内生增长理论构建理论模型，阐述环境规制影响经济增长的作用机理和传导路径。

　　第四章为中国环境规制政策的演化与特征，作为实证分析的现实背景，首先介绍了环境规制的演化背景。然后，介绍中国环境规制政策演进过程，将研究历程分为三个发展阶段，并对每个阶段的发展特点、主要规制工具类型做了详细介绍，充分体现了中国经济发展过程中对环境问题认识及治理理念的不断深化。最后，从政策法规和规制工具形式两个方面介绍海洋环境规制的发展，海洋环境规制呈现出明显的多部门协同规制、整体性治理的特点。

　　第五章为环境规制对海洋经济技术效率的影响，本章以中国沿海地区 11 个省份为研究对象，实证研究环境规制对海洋经济技术效率的影响，并对影响海洋经济技术效率的主要因素进行分析。首先利用随机前沿生产模型测算海洋经济技术效率，然后运用空间计量模型考察环境规制、区域外向度、海洋产业结构、政府干预度等对技术效率的影响，重点从时间和空间两个维度考察环境规制的影响效应，分析预防型与控制型环境规制工具对海洋经济技术效率的不同影响效应，进而阐明产生不同影响的原因。

　　第六章为环境规制对海洋技术创新的影响，本章首先利用 2006—2015 年海洋经济面板数据建立动态面板模型，并考虑环境规制的内生性以及模型异方差问题，选择系统 GMM 方法进行实证研究，检验弱波特假说在海洋经济领域是否存在。然后构建动态面板门槛模型，检验环境规制与海洋技术创新的非线性关系，从水平时间和垂直强度两个维度分析了沿海地区不同类型环境规制对不同类型海洋技术创新的作用关系，并结合区域差异进行异质性分析，以获得更符合实际的研究结论，为中国制定合理灵活的环境规制政策，提供参考依据。

第七章为环境规制对海洋经济增长的总影响，首先构建包含非期望产出的环境生产技术模型，通过对非期望产出的不同处置性假定，分别测算环境规制实施前后的海洋经济全要素生产率增长指标（Malmquist-Luenberger 生产指数），并以此作为衡量经济增长的主要指标，分析环境规制对中国海洋经济增长的影响。然后，通过构建收敛性检验模型，围绕沿海省份海洋绿色全要素生产率增长差异，论证分析环境规制对海洋经济增长收敛效应的影响。

第八章为结论与对策建议，系统总结本书研究的主要结论，并提出具有可行性的政策建议。

二　研究方法

本书在方法上利用理论基础和经验数据，多维度研究环境规制对海洋经济增长产生的影响。第二、第三章通过文献评述和构建理论模型，为本书的深入研究奠定基础。第四章运用历史比较法，分析考察中国环境规制政策的演变进程和特征变化。第五章至第七章是本书研究的实证部分，均采用以下技术路线：基于文献研评进行拓展——构建计量模型——选择评估方法——结合现实背景分析评估结果。

其中第五章采用四组分随机生产前沿方法，详细分解并解释海洋经济技术非效率，测算海洋经济技术效率；利用动态空间杜宾模型分析考察不同类型环境规制对海洋经济技术效率的影响效应。第六章考虑到环境规制严格程度与技术创新存在双向影响作用，环境规制严格程度代理变量的工具变量大部分也与技术创新具有相关性，因此将环境规制严格程度的代理变量作为内生变量引入模型，环境规制代理变量的滞后变量将作为工具变量，采用基于动态面板数据的系统 GMM 方法，在没有严格外生工具变量的情况下，对环境规制引致创新效应进行有效评估；并建立动态面板门槛模型，分析环境规制强度变化对海洋经济增长的非线性影响。第七章构建包含非期望产出的方向性距离函数，测算海洋经济绿色全要素生产率，并通过设定不同约束条件模拟不存在环境规制的传统全要素生产率，进而分析比较环境规制存在与否的不同全要素生产率增长指数；最后构建动态增长模型，检验分析环境规制对海洋经济增长收敛性影响。综合来看，本书写作所用研究方法特征如下：

（1）理论研究与实证分析相结合。首先在研读文献和基础理论的基础上，构建环境规制影响经济增长的理论模型，阐明研究方向和问题。运用计量方法对阐述的作用机理进行实证检验。

（2）定量分析与定性研究相结合。运用沿海 11 个省份相关统计数据，描述中国沿海地区环境规制与海洋经济增长的变化趋势、空间分布特点等主要特征事实。在政策建议方面，以定性分析为主，以实证分析结果、描述性统计特征作为逻辑分析起点，并结合宏观发展背景进行规范分析、理性判断，进而提出合理对策建议。

（3）静态分析与动态分析相结合。在统计性描述中，不仅分析环境规制强度的静态空间分布特征，也描述环境规制强度随时间发展而表现出的动态变化趋势。在实证检验环境规制影响海洋经济技术效率和技术创新的研究中，既有环境规制对海洋经济技术效率和技术创新的静态影响，也有对这些影响效应的动态评估，并运用面板门槛模型，深入分析环境规制引致创新效应的动态影响趋势。通过静态分析与动态评估，可以更加全面科学地阐述环境规制对海洋经济增长的影响效应。

（4）空间计量与统计分析相结合。本书在第五章中，根据测算的海洋经济技术效率的空间分布特征，运用统计分析方法，对沿海省份海洋经济技术效率水平划分等级，并采用动态空间杜宾模型进行空间计量分析，结合统计性描述信息的空间分布特征，揭示环境规制对海洋经济技术效率的空间维度的异质性与时间维度的动态性。在第七章中基于测算的海洋经济绿色全要素生产率，分析海洋经济增长的收敛性，分析海洋经济空间增长差距的变化趋势。

第四节　研究创新与不足之处

一　创新之处

（1）选题独特。本书研究主题是在促进海洋经济创新驱动、绿色发展，由高速增长向高质量增长转型的背景下提出的，更多的学者仅关注环境污染对海洋经济增长的影响，诸如环境污染抑制了海洋经济增长等。已有的相关研究对海洋经济增长影响因素分析仅限于经济发展水平、科技能力等区域经济指标，而忽视了环境规制作为政策对海洋经济增长的影响。本书较为客观地分析环境规制影响海洋经济技术效率、海洋技术创新的时空趋势变化以及产生的原因，讨论这些影响效应是否有利于促进海洋经济增长；并最终将海洋经济增长通过全要素生产率增长指数得以表征，综合分析环境规制对海洋经济增长的影响，客观检验了环境规制对海洋经济增长区域收敛性的影响，论证了合理的环境规制能够促进海洋经济实现区域增长稳态，实现区域协调发展。

（2）理论创新。传统的理论观点认为环境规制抑制经济增长；波特假说则认为环境规制可以促进经济增长。本书在研究中将内生增长理论在存在市场失灵的假定下进行论证，从而得出环境规制作为致力于解决经济行为失灵的政策，对生产模型中的要素既产生正面影响也存在负面影响，并详细论证了环境规制影响经济增长的水平路径和垂直路径，从而得出研究结论：假定在水平方向生产组合结构不变的条件下，环境规制政策可以通过影响经济效率、技术前沿，从而促进经济增长；可以通过调整当前不适宜的环境规制政策，创造适宜规制的政策条件，最终实现对经济增长的促进效应。

（3）研究方法与技术应用创新。相对于已有研究仅对环境规制单一工具类型强度变化对海洋经济增长的影响，本书详细分析了预防型环境规制和控制型环境规制两种工具强度变化对海洋经济增长的差异性影响，更具一般性分析特征。

比如通过研究发现在对海洋技术创新影响分析中，预防型环境规制对海洋技术创新的影响呈现 U 形关系，短期内具有显著负向挤出效应，中长期则正向引致效应显著，引致效应滞后期为 3 年；控制型环境规制仅对技术含量较低的模仿型技术创新产生中长期正向促进作用。

传统测算经济效率的方法（随机前沿或是 DEA 等）均不能对技术非效率的特征进行划分。已有文献中运用的随机前沿模型多数忽略了对时变无效率和持久无效率的划分，得出的效率值是有偏的。为了克服早期模型的诸多限制，本书实证部分采用 Kumbhakar、Lien 和 Hardaker （2014）构建的随机前沿模型，对无效率项的分解更加细化，效率评估更加合理，测算的海洋经济技术效率值为 0.78，并通过建立动态空间杜宾模型，考察不同类型环境规制对中国海洋经济技术效率的影响效应，得出预防型环境规制对海洋经济技术效率总效应不明显，控制型环境规制对海洋经济技术效率有显著负向影响效应，且负向影响随时间呈现增加趋势的结论。

二　不足之处

尽管本书从理论和实证两个方面论述了环境规制对海洋经济增长的影响效应，但是仍有许多方面有待进一步深入研究，总结如下：

（1）本书在研究环境规制对海洋经济增长影响效应时，假定水平方向生产要素组合结构不变，仅考虑了垂直方向的传导路径，因此对水平方向作用于传统生产要素组合的影响并未展开研究，有待今后进行拓展。

（2）研究数据的限制。与一般产业的经济数据相比，海洋产业数据时间链条较短，有效统计的数据相对较少。截至本书交稿时，海洋经济最新数据只更新到 2015 年，因此本书在进行实证研究时，所用数据时间段较短，一定程度上影响了研究结论的说服力。

（3）环境规制代理指标以及环境污染指标的选取。在相关前期研究中，对于环境规制指标的选取并没有统一的标准，本书主要根据数据可得性进行了指标选取，指标代理意义具有一定的局限性。同时在环境污染测量方面仅考虑了单一的污染物，在选取上具有一定主观性，这些不足将在今后的研究中进一步改进。

第二章　文献综述

实施环境规制可能因为成本效应抑制经济增长，也可能因为创新补偿效应促进经济增长，两者间依赖于不同经济增长环境呈现出不确定的影响关系。围绕环境规制与经济增长的影响关系，国内外学者展开了广泛的研究。本章将从三个方面归纳和梳理环境规制对经济增长的影响，即环境规制对经济效率、技术创新和生产率的影响。

第一节　环境规制与经济技术效率的研究

经济技术效率指不涉及生产要素的价格因素，技术可行角度的经济效率。Koopmans（1951）最早给出了技术有效性的定义：如果在不增加其他投入或减少其他产出的情况下，技术上不可能增加任何产出或减少任何投入，则该投入产出向量是技术有效的。Leibenstein（1966）从产出角度定义给出了技术效率的定义：技术效率是指实际产出水平占在相同的投入规模、投入比例及市场价格条件下所能达到的最大产出量的百分比。可以看出，经济技术效率衡量的是企业在现有技术水平下，获得最大产出或最小投入的能力，是对生产前沿面的接近程度，即对现有技术（生产前沿面）的有效利用水平，是个相对概念。

一　环境规制抑制经济技术效率改善

环境规制对经济技术效率影响的相关研究比较多。传统观点认为环境规制对生产过程增加了新的约束，不利于经济效率的提高。Chintrakarn（2008）利用1982—1994年美国48个州的面板数据，建立超越对数随机前沿生产模型，评估了环境规制对于美国制造业技术非效率的影响，研究结果表明，环境规制对技术效率具有显著性负面影响。Thomas

Broberg 等（2013）采用了 1999—2004 年瑞典五大产业企业层面的数据，利用 Battese 和 Coelli（1995）建立的随机生产前沿模型测算技术非效率，进而以环境规制投资为自变量，构建技术非效率的动态函数，在研究中用瑞典制造业环境保护投资作为环境规制的代理变量，并且把环境保护投资分为环境预防和环境控制两种类型，拓展了前期的研究分析，研究认为环境规制产生了效率损失，尤其在规制强度更大的纸浆造纸业更加显著。

大量国内相关研究将技术效率等同于生产效率（王志刚等，2006），或是将环境约束纳入生产效率，测算环境效率（即考虑环境因素的技术效率），并对测算的技术效率进行影响因素分析，如胡鞍钢等（2008）、李静（2009）、王兵等（2010）采用 DEA 测算环境技术效率。但是仅有少数学者进一步研究了环境问题与技术效率、环境规制与技术效率的关系。匡远凤等（2012）将环境污染变量——二氧化碳（CO_2）作为生产投入要素，构建随机前沿超越对数生产函数，测算中国省域环境生产效率等，并将环境效率与传统技术效率相比，效率值显著降低。沈能（2012）基于不同处置性假设，测算工业环境效率，并将环境效率作为衡量环境规制与产业发展关系的唯一标准，研究结果显示环境规制强度与环境绩效存在倒 U 形关系。

二　环境规制促进经济技术效率改善

Porter ME（1991）对传统观点提出质疑，认为设计合理的环境规制可以产生帕累托改进或是在某些情况下实现双赢；为了减少规制成本，被规制企业必须转换、升级、更新他们的设备和技术，以增加能源效率、劳动生产率和产品价值。同时环境规制能够激励企业进一步优化约束条件下的资源配置效率，提高管理效率，减少生产过程中的无效率行为，并强调这种双赢关系的动态性（Porter and van der Linde，1995）。在大量的实证研究中，Managi 等（2005）和 Lanoie 等（2008）将动态性引入研究模型，基于动态滞后假定，对包括环境规制滞后变量的解释变量进行回归分析。但这些研究将环境规制笼统地用命令控制型环境规制的执行成本作为代理变量，有悖于波特假说的研究重点。因为 Porter 和 van der Linde（1995）认为环境规制可以激励增加产品和改变生产过程方面的投资（即环境预防投资）以更有效地利用资源，而不是末端控制投资，因为末端控制成本更高。

国内与海洋经济技术效率相关的研究主要出现在近几年，学者们采用不同方法测算海洋经济技术效率，分析海洋经济技术效率影响因素主要集中于区域经济发展水平、科技水平等（赵林等，2016；纪玉俊、张彦彦，2016；盖美等，2016；孙康等，2017），分析环境规制与海洋经济技术效率关系的文献不多。其中，苑清敏等（2016）采用 SBM 模型测算 2001—2011 年中国海洋经济环境效率，研究发现：2006 年以后海洋经济环境效率逐步超越传统经济效率，环境资源约束有效促进海洋经济环境效率的提高。赵昕等（2018）采用 NSBM-Malmquist 模型对 2007—2014 年中国海洋经济绿色经济效率进行时空趋势分析，研究发现海洋环境污染治理效率的改善促进了中国海洋绿色经济效率的增长，"末端治理"是海洋经济绿色发展的主要模式。

综合上述国内外相关研究，环境规制对经济技术效率的影响并非简单的线性关系，其影响结果受到以下选择的重要影响：

（1）测定技术效率的方法选择。即使同样选择随机生产前沿方法，有的学者将环境规制代理变量作为生产投入要素，有的学者将其作为技术效率影响因素，从而获得的技术效率有所差别。

（2）环境规制代理变量的选择。国外学者多数选择环境规制成本、环境污染治理投资等指标作为替代变量；国内学者更多地关注环境污染指标，将其作为投入要素测算环境技术效率。

（3）技术效率与影响因素建立的函数模型的选择。不同地区、不同类型的环境规制存在明显空间异质性（陈德敏等，2012），考虑到环境污染的动态性，环境引致创新的动态滞后性，环境规制影响技术效率的函数模型应为动态空间模型。

（4）在研究领域方面，尽管海洋领域研究经济技术效率的文献相对较多，但是将环境规制作为影响因素，研究环境规制对海洋技术效率影响的文献较少，更多的是把环境问题归结为环境技术效率，仅作时空特征趋势分析。

（5）尽管空间溢出效应被认为与区域增长存在重要关系，但是研究空间效应对区域技术效率影响的文献比较少（Schaffer 等，2011）。作为环境规制影响海洋经济增长的重要方面，本书将在后面章节对以上方面进行拓展，研究环境规制对海洋经济技术效率影响效应。

第二节　环境规制与技术创新的研究

根据"波特假说"，环境规制可以诱导企业进行创新以减少执行成本；创新效应可以产生更有效率的生产过程或是更节约资源的新产品，这些成本节约可以有效补偿环境规制执行成本。就这一点而言，环境规制可以产生更好的生态环境，同时使企业具有更高的生产率，是一种双赢策略（Rubashkina 等，2015）。环境规制可以激发创新活动，又称为弱波特假说，是波特假说效应实现的重要前提。

关于环境规制与技术创新关系的理论文献可以追溯到 20 世纪 70 年代早期，但是实证研究在 20 世纪 90 年代中期才开始出现。然而直到今天，前期相关研究并没有形成统一的结论，因为总是不断地发现矛盾性证据。根据研究结果，前期相关文献可以归结为四种类型。

一　环境规制促进技术创新

1. 环境规制正向促进环境技术创新

环境规制与创新关系的实证研究最早始于环境规制对环境技术创新活动的影响。Lanjouwand Mody（1996）利用 1972—1986 年美国、日本和德国的专利数据，研究环境创新的产生与扩散，在研究中采用污染治理支出表征为环境污染治理强度，研究发现，日益增长的环境保护意识促进了污染控制技术的发展，环境污染治理支出产生的创新效应滞后 1—2 年。尽管获得环境创新指标和政策严格程度指标相对困难，大量聚焦环境创新活动的相关研究也得到相似结论，支持弱波特假说。

Brunneimerand Cohen（2003）利用 1983—1992 年美国制造业行业面板数据研究了环境创新的决定因素，研究结果显示污染治理支出与专利数量存在较弱的、但是统计上显著的正向促进关系。Carrion-Floresand Innes（2010）利用美国 1989—2004 年制造业面板数据分析环境创新与污染排放（将污染物排放强度作为环境规制严格程度的代理变量）的双向因果关系，结果显示环境规制对环境技术专利数量有显著正向影响，而且影响强度要大于 Brunneimerand Cohen（2003）的研究结果。Rehfeld 等（2004）发现，在德国制造业，环境组织措施与环境产品创新存在正向相关性，而且，不考虑其他因素和企业的特定特征，废物处理措施和产品回收系统是环境产品创新的重要驱动。Arimura 等（2005）采用加入内生虚拟变量的双变量 profit 模型，研究环境技术创新的驱动因素，结果显示：设计合理的环境政策可以通过刺激环境研发投资，促进环境创新活动；环境审核系统对环境研发活动发挥重大作用，环境工具的选择对环境研发有重要的间接作用。

Frondel 等（2007）构建多元 Logit 模型得到相同结论：能够被受规制企业感知的严格环境规制、环境核算系统和灵活的环境工具有助于激励环境研发活动。Popp（2006）研究显示在美国、德国和日本引入二氧化氮环境规制，在短期内显著正向促进相关专利数量的增加。Lanoie 等（2011）利用 7 个欧盟国数据，研究发现环境规制强度与环境创新存在显著正向联系，与"弱假说"一致。Johnstone 等（2012）用 2001—2007 年 77 个国家的面板数据分析表明环境规制更能促进绿色生产部门的专利应用水平，而且这种绿色创新的正向影响同样适用于一般创新。

2. 环境规制促进一般技术创新

1997 年 Jaffe 和 Palmer（1997）对波特假说进行深入研究，将环境规制对创新活动的影响界定为"弱假说"，将环境技术创新拓展到一般创新活动，利用 1973—1991 年美国制造业的面板数据，调查研究增加环境规制的严格程度是否能够激发企业增加创新活动，研究结果显示更严格的环境规制可以显著引发研发费用支出；对专利数量没有显著影响。Gray 和 Shadbegian（2003）也得到了相同的研究结论：美国制造业环境规制与研发支出存在正向关系。Hamamoto（2006）评估了 1960—1970 年日本快速工业化期间，严格环境规制对研发活动的潜在引致作用。产业层面的研究发现污染控制的资本成本与研发支出有正向促进作用，基于控制命令方法的环境规制能够激发日本制造业领域的研发活动。Yang 等（2012）研究中国台湾产业环境规制对研发投资的关系，研究发现环境规制对技术创新有正向促进作用。

Franco 和 Marin（2013）利用能源税强度作为环境政策严格程度的代理指标，研究 7 个欧洲国家制造业部门创新对环境规制的反应，结果显示能源说的严格程度是驱动创新活动的重要因素。Rubashkina 等（2015）利用专利数量作为创新的代理变量，研究发现环境规制对创新有正向促进作用，对弱波特假说提供了支持。Kiso（2019）研究发现 20 世纪 90 年代以来日本实施的燃油节约规制，促进了技术创新与技术进步，使燃油节约 2.5%—4%。

　　除了上述产业层面的研究，企业层面也有研究得到相似结论。Calel 和 Dechezleprêtre（2012）研究了欧洲排放系（European Emission Trading Systems，EUETS）对 2000—2009 年欧洲企业专利应用的影响，结果显示，受 EUETS 规制的企业专利增加 10%，而未受规制的企业专利应用数量没有显著变化。Costa Campi 等（2017）证明了欧盟环境规制强度对企业创新有正向激励作用。Chakraborty 等（2017）研究了环境规制上游企业创新的影响，结果表明实施环境规制可以促使上游企业创新支出增加 11%—61%。他们的实证结果均表明，环境规制是培育研发的重要驱动力。

　　国内学者也得出相似研究结论。张中元、赵国庆（2012）利用 2000—2009 年中国 30 个省际面板数据，研究表明环境规制对工业技术进步有正向促进作用。阮敏（2016）运用随机前沿分析测算发明专利效率，研究发现环境规制对专利生产研发效率有正向促进作用，认为环境规制不仅促进环境保护，而且对提升研发质量有积极作用。余伟等（2017）利用 2003—2010 年中国工业面板数据，借鉴 Hamamoto（2006）的研究方法，研究了环境规制与技术创新之间的关系，并深入研究环境规制引致创新对经营绩效的间接作用机制，与环境规制对经营绩效直接作用进行比较分析，结果显示：环境规制对研发投资有显著正向作用。何玉梅和罗巧（2018）对 2007—2014 年中国省际面板数据进行研究，结果同样发现环境规制对工业企业技术创新有显著正向促进作用，环境规制强度提高 10%，促进企业研发投资增加 0.24227 左右。

二　环境规制抑制技术创新

　　环境规制并非一定促进技术创新，一定条件下反而对创新活动有挤出效应。Roediger-Schluga（2003）研究发现，澳大利亚实行更严格的挥发性有机化合物排放标准对创新研发活动有显著挤出效应，使得部分研发支出被撤销或是延期。Kneller 和 Manderson（2012）利用 2000—2006 年英国制造业面板数据研究显示，环境治理压力增加环境研发活动和环境资本投入，但是环境规制对于总的创新研发活动没有积极影响，原因是严格的环境规制对非环境技术创新有挤出效应。Rubashkina 等（2015）通过研究也发现环境规制对研发投资有显著挤出效应。Yuan 和 Xiang（2018）利用 2003—2014 年中国制造业行业面板数据研究发现，长期看环境规制对研发投资有显著挤出效应，对专利产出有抑制作用，不支持波特假说弱版本。

国内学者在研究中发现中国中西部地区环境规制对技术创新有抑制作用。王国印、王动（2011）采用 1999—2007 年中国中东部地区省际面板数据，研究结果显示：中部地区不支持波特假说，东部地区较好地支持波特假说。沈能（2012）采用 1992—2009 年中国省域面板数据，利用非线性门限模型，研究环境规制与技术创新的关系，得到相似结论：环境规制对技术创新的影响呈现地区差异，中西部地区不支持波特假说，而东部地区环境规制促进技术创新。

三 环境规制对技术创新不确定性影响

许多学者质疑环境规制严格程度与创新激励间的单调关系。Erin 和 Ekundayo（2006）研究发现烟尘排放税不能激励研发活动的单调增加，当烟尘排放税不确定时，企业会增加对某种技术的研发活动，但是烟尘排放税确定时，企业通常会降低相应的研发活动。Perino 等（2012）也得出相似研究结论，环境政策严格程度与创新激励存在倒 U 形关系。围绕环境规制对技术创新影响的不确定性，研究学者们从不同角度进行研究。

（1）有的学者研究由于指标的不确定性产生的环境规制对创新活动的不同影响效应。江珂和卢现祥（2011）利用 1997—2007 年中国省际面板数据研究环境规制对中国三类技术创新能力的影响。张成等（2015）采用 1996—2011 年中国工业 18 个行业的面板数据，利用半参门限回归模型，研究了不同环境规制强度变化率对生产技术进步率的非线性影响关系，研究结果显示，三种环境规制强度变化率对生产技术进步率的影响存在差异性。其中，废气环境规制强度变化率对技术进步变化率先抑制越过第一阈值后显示促进作用，越过第二阈值显示抑制作用；废水环境规制强度变化率对技术进步变化率影响呈现倒 U 形；固体废弃物环境规制强度变化率对技术进步变化率的影响在两个阈值区间内显示正向促进作用。

（2）有的学者从行业异质性出发，研究环境规制对技术创新的复杂性。刘金林和冉茂盛（2015）利用 2000—2011 年中国省际面板数据，考虑到内生性和异方差问题，选用系统 GMM 估计方法研究环境规制对工业行业生产技术进步的影响。结果显示：环境规制对生产技术进步的影响存在行业差异性，部分行业呈倒 U 形或 U 形关系，其他行业没有显著性关系；而且这种行业异质性与行业所属污染类型无关。刘海英和尚晶（2017）利用方向性距离函数测算中国工业行业环境规制机会成本，研究技术创新对环境规制机会成本的影响程度，结果显示：环境规制成本存在行业异质性，但没有显著污染偏好；不同技术创新指标对环境规制机会成本的影响存在差异。余东华和胡亚男（2016）的研究结果则认为行业异质性与行业污染程度相关，环境规制对重度污染行业呈现负向影响，对中度污染行业呈现正向促进作用；对轻度污染行业呈现先抑制后促进的 U 形关系。

（3）有的学者从指标强度变化出发，研究环境规制对技术创新的门槛效应。江珂和卢现祥（2011）在研究中发现，环境规制对技术创新正向作用存在人力资本门槛效应（即人力资本达到一定水平，环境规制正向促进技术创新）。沈能（2012）利用非线性门限模型研究环境规制与技术创新的关系，研究结果显示：环境规制影响技术创新的地区差异性主要因为环境规制和经济发展水平的门槛效应；环境规制与技术创新具有 U 形关系。

（4）基于环境规制与技术创新的双向作用关系，在时间变化中表现出影响关系的复杂性。黄平和胡日东（2010）研究湖南省环洞庭湖区域造纸企业环境规制与技术创新的作用关系，认为环境规制与技术创新具有双向促进作用，两者之间呈棘轮效应。周晓利（2016）通过面板固定效应模型和格兰杰因果检验，验证了环境规制与技术创新的互动机制，研究结果显示环境规制可以促进企业技术创新，同时企业技术创新在滞后三期后对环境规制产生影响。李平和慕秀如（2013）运用系统 GMM 和门槛回归评估 2000—2010 年中国 29 个省市的面板数据，研究发现滞后二期的环境规制对技术创新有显著正向作用，并且在强度上环境规制对技术创新的影响存在三重门槛效应，作用方向依次为最初的不显著影响、中等强度的正向作用、高等强度的抑制作用。

四　环境规制工具选择对技术创新的影响

在相关研究中，部分学者关注环境工具选择对创新的激励效应。因为对于环境规制效率、规制成本、企业偏好、规制者偏好、监督和惩罚机制、适用范围等，不同环境规制工具有重要的区别，环境规制对于技术创新的影响存在显著异质性。许多学者从环境规制政策异质性的角度检验弱波特假说。Kuntze（1999）研究表明环境规制有效激励创新的可能性主要依赖于具体的设计（标准或最佳可获得技术），包括动态方面、覆盖面（特殊情况，包括老旧工厂等）及执行情况（灵活性，实施情况等）。Stavins 等（2002）研究认为基于市场的环境规制工具，比如可交易许可证、污染费等，随着时间的推移比命令控制性工具具有更明显的正向作用，尤其是对于发明、创新、环境友好型技术的扩散等。Majumdar 和 Marcus（2001）、Melnyk 等（2003）、Alesina 和 Passarelli（2014）、Harrison 等（2015）在研究中也得到相似结论：与传统命令控制型政策工具相比，市场型政策工具对于提高成本效率、能源节约技术的研发创新与扩散方面更具优势。也有学者持相反观点，Zhao 等（2015）研究中国企业面板数据，得出相反结论，命令控制型环境规制对企业技术创新有更强的正向激励作用。

环境规制与技术创新激励的相关研究涉及国家、产业、企业各个层面，表现出时间动态性、行业异质性、部门异质性和区域异质性等多种特点。前期大部分研究主要集中在美国、日本、欧盟等发达国家，21世纪后关于发展中国家或地区如印度、中国等的研究文献开始出现。部分前期研究仅关注环境技术创新如何对环境规制做出反应，没有验证环境规制严格程度对于创新的影响。这样的研究结论不足以验证弱波特假说，因为没有考虑环境技术创新的机会成本。事实上，环境规制可以引起环境技术创新的增加，同时其他更有价值的创新活动可能由于预算原因被限制。企业在增加环境规制执行成本时，也产生了机会成本。前期相关文献中，大部分研究仅关注环境规制对技术创新的单向引致关系；也有部分研究单独考虑技术创新的决定因素，但是仅有少数研究同时关注环境规制与技术创新的双向因果关系。不考虑环境规制的内生性，评估结果是有偏的。这在本书后面的实证研究中进行改进。

尽管前期研究结果并不统一，但是大部分学者都认同弱波特假说成立的前提假设，即基于市场机制设计合理灵活的环境规制；环境规制的严格执行和企业对环境规制做出积极策略。前期研究成果为深入理解环境规制与技术创新作用关系提供了理论和经验支持。

第三节　环境规制与生产率的研究

在研究经济增长的相关研究中，经济增长通常由生产率衡量（Ambec et al.，2013）。传统观点认为环境规制因为对产业行为施加了约束，从而对生产率和竞争力有反向影响。企业首先要面临直接成本的增加，如为了缓和生产进行的必要末端控制成本或是研发投资。另一方面企业的预算受到财政约束，在遵从环境规制的同时，企业也产生间接成本，因为他们不能投资其他更有利润的机会。

Porter（1991）、Porter 和 van der Linde（1995）挑战了这一观点。波特假说中，环境规制通过引致创新最终促进生产率的增长，进而对经济增长产生正向影响，这一观点也被称为强波特假说。在现实经济环境中，企业面对信息不对称、组织惯性或是控制问题等市场缺陷，环境规制有助于企业克服这些市场失灵，寻求其他投资机会。多种失灵或是扭曲的相互作用对产生强波特假说是必需的（Ambec and Barla，2002）环境规制不仅减轻污染，而且影响另一种扭曲，提高受规制企业的利润。例如环境规制有助于增加市场力，减少企业代理成本。因此强波特假说的成立需要相当具体的环境条件。

大量学者进行检验强波特假说的实证研究。环境规制压力倒逼企业进行技术创新、结构性改革，比如与污染治理活动相关的资本支出和大规模的生产成本等。然而这些改革对企业生产率（或是经济增长）有不确定性影响（Fujii et al.，2011；Tsurumi and Managi，2010）。这也使得学者们的研究并未形成一致结论。

一　环境规制抑制生产率增长

早期关于美国经济的相关研究认为环境规制导致生产率下降，推测原因是生产导向的投资被环境规制导向投资取代。Gollop 和 Roberts（1983）研究发现二氧化硫规制使生产率增长率降低 43%。Barbera 和 McConnell（1990）研究美国五个重污染行业，发现治污成本对生产率具有显著负向影响，使生产率下降 10%—30%。Boyd 和 McClelland（1999）研究显示美国环境规制使造纸业生产率减少 9.4%，解释原因为污染治理支出挤出了其他更有效率的投资。这一实证结果与 Gray 和 Shadbegian（2003）的研究相似：环境规制引致美国纸浆和造纸产业生产率降低大约 9.3%。Färe 等（2007a）研究了 92 家燃煤电厂，也得到相似结论。Greenstone 等（2012）研究显示更严格的空气质量规制使美国制造业企业全要素生产率下降约 2.6%。

上述研究并未充分考虑波特假说的动态维度。波特认为更严格的环境规制政策促进创新活动的产生，减少无效率，进而最终减少生产成本，这一过程需要时间。早期关于生产率决定因素的研究中，研究者通常对当期的生产率与当期的环境规制代理指标进行回归，没有考虑研发活动发生的时间。

在文献梳理中也发现，有学者从动态维度的研究也得到了环境规制抑制经济增长的结论。Lanoie 等（2011）第一次完整评价了波特假说作用机制中的因果链，数据来自经济合作与发展组织（OECD）调查，以位于 7 个发展中国家超过 4000 家企业为研究样本，运用两阶段最小二乘法，建立三个回归方程。三个因变量分别是环境创新、环境绩效和商业绩效。该研究发现，环境规制对经济绩效产生负向作用，平衡创新补偿效应与成本效应两种作用，环境规制对经济绩效的净影响是负向的，即创新对经济绩效的正向作用不足以超过规制自身产生的负向作用。

Rubashkina 等（2015）利用 1997—2009 年 17 个欧洲国家制造业部门数据检验波特假说。在研究中，将污染治理和控制成本作为环境规制严格程度的代理指标，并且利用工具变量评估方法考虑这一指标的内生性。该研究发现环境规制不能驱动生产率的增长，生产率不受环境治理控制费用支出的影响，没有发现支持强波特假说的研究证据。

国内学者王兵、王丽（2010）利用 1998—2007 年中国地区工业数据，运用方向性距离函数测算曼奎斯特—卢恩伯格指数（ML），评估考虑环境约束的全要素生产率，得出结论，考虑环境因素后，全要素生产率降低，环境规制约束阻碍了全要素生产率的提高，对经济增长有负向作用。

二 环境规制促进生产率增长

环境规制正向影响生产率增长。Berman 和 Bui（2001）研究发现位于洛杉矶的炼油厂与当地不遵守严格环境规制的炼油厂相比，具有更高的生产率。Alpay 等（2002）评价了墨西哥食品生产企业的生产率，与环境规制强度呈现正相关关系，污染规制压力每增加 10%，产业生产率平均增长 2.8%；但是在美国食品产业未发现类似实证结果。他们强调更严格的环境规制并不总是阻碍生产率的提高。Telle 和 Larsson（2007）将污染排放量作为投入要素计算环境全要素生产率，并考察环境规制与竞争力的关系，结果显示环境规制对生产率具有显著正向影响。

有的学者认为环境规制对经济增长（生产率）的促进作用不能独立于环境规制引致创新的类型。Rexhäuser 和 Rammer（2014）利用德国 2008 年的企业数据，区分环境规制引致的环境创新和自愿的环境创新，研究发现不能提高资源效率的创新不能促进企业利润的增加，能够提供资源效率的创新活动对利润有正向作用，而且环境规制引致的环境创新比自愿的环境创新发挥更大的正向作用。该研究说明强波特假说并不具有一般性，或者说环境规制对于生产率的影响依赖于引致创新的类型，表现出异质性影响。XieRong-hui 等（2017）持有相似观点，认为强波特假说不能独立于环境规制引发的创新类型而成立，通过提高资源利用效率减轻环境压力的创新不仅降低了单位产出的排放，而且减少企业单位产出成本。这种节约的成本可以弥补规制执行成本，促进产业生产率的增加。

国内相关研究在国家、省域和行业多个层面得到实证支持强波特假说的结论。如国家层面，王兵等（2008）利用 1980—2004 年 APEC17 个国家和地区的数据，以 CO_2 排放作为非期望产出，分三种假定条件（没有环境规制、保持 CO_2 排放不变和减少 CO_2 排放水平）评估 ML 生产指数，研究显示，在国家层面，环境规制的实施促进了全要素生产率增长。

在省域层面，李小胜和宋马林（2015）采用考虑环境约束的方向性距离函数，利用中国30个省市投入产出数据，测算1997—2011年中国区域层面的全要素生产率，研究发现：环境规制促进了省域经济的增长。刘承智等（2016）将 SO$_2$ 和 COD 排放作为环境投入要素纳入生产体系，构建 DEA—Malmquist 生产率指数，测算2003—2012年中国省域层面环境全要素生产率及其分解值；并以2007年推行排污权交易试点为时间节点，对试点省份和非试点省份 SO$_2$ 和 COD 排放量和排放强度、环境全要素生产率及其分解值进行比较研究。该研究发现，中国减排成效并不显著，但排污权交易试点不仅在试点省份起到了较好的直接减排效果，而且对于东西部地区的试点省域，排污权交易试点能够改善技术效率，一定程度上遏制了全要素生产率的下降。汤杰新等（2016）得到相似结论，中国东部地区环境规制有效，即合理的环境规制可以促进经济持续增长，支持强波特假说。

在行业层面，刘伟明和唐东波（2012）利用径向非角度 DEA 方法，测度2000—2009年中国30个省份工业部门的环境全要素生产率，然后建立动态 GMM 计量回归模型分析环境规制对全要素生产率的影响作用，结果显示环境规制对省域工业部门全要素生产率增长有正向促进作用。王佳等（2015）采用修正方向性距离函数研究环境治理与经济增长的内在关系，从工业行业层面证实，较高环境治理水平可以显著促进经济增长。吕康娟等（2017）利用2001—2011年制造业28个分行业数据，在计算传统全要素生产率的基础上，将能源消耗作为投入要素纳入核算体系，测算 Malmquist 生产指数作为绿色全要素生产率增长指标，并利用格兰杰因果检验环境规制与绿色全要素生产率之间的关系，该研究结果显示：环境规制是绿色全要素生产率增长的格兰杰原因，当前中国环境规制促进了绿色全要素生产率的增长，验证了强波特假说在工业部门的存在。

三　环境规制对生产率的不确定性影响

环境规制对经济增长（通常用生产率变化衡量）的影响机制比较复

杂，影响关系通常由于不同作用条件的改变呈现异质性变化。环境规制严格程度或是污染治理努力程度与生产率之间可能存在较小、中性或不确定关系。

1. 行业异质性产生的不确定性影响

Gray 和 Shadbegian（2005）研究 1979—1990 年美国造纸、钢铁和石油产业，调查污染治理支出对生产率的影响，结果显示环境治理支出对生产率增长没有显著影响；但是这种影响关系存在产业异质性，对于污染密集型产业，与那些仅仅依靠"末端治理"减排技术的政策相比，改变生产过程的资本治理支出可以获得更高的生产率。Chatzistamoulou等（2017）利用 1993—2006 年希腊产业面板数据，分析希腊制造业污染治理成本对产业生产率的影响，得到相似的结论：污染治理成本对希腊制造业生产率没有显著影响，不支持波特假说；但在能源密集型或是能源消耗型产业，污染治理成本的影响有显著变化。国内学者殷宝庆（2012）也做了相关研究，利用 2002—2010 年中国 27 个制造行业数据测算绿色全要素生产率，通过研究发现环境规制对绿色全要素生产率变化的影响呈"U"形关系，而且在清洁型部门与污染密集型部门存在影响异质性。

除了行业的横向比较，有的学者从行业纵向产业链方向做相关研究。Franco 和 Marin（2017）从行业上下游产业链的视角，分析了环境规制对生产率增长的不确定性影响。该研究结果显示，下游产业环境规制严格程度不仅是驱动创新，也是促进生产率增加的重要因素，认为对下游产业施加严格的能源税，有利于激励相关上游产业创新，生产提高能源效率和环境绩效的新的中间产品，从而促进产业链生产率的提高；研究同时显示，部门内部环境规制严格程度对专利等创新没有显著影响，但是显著促进生产率的增加，并进一步解释因为不同部门对环境规制的反应不仅局限于专利创新，还包括过程创新和组织创新等。

2. 不同环境规制工具类型产生的不确定性影响

原毅军和刘柳（2013）研究发现费用型环境规制对经济增长无显著影响，投资型环境规制显著促进经济增长。申晨等（2017）研究了不同环境规制工具对经济增长影响的异质性，所得结果与原毅军和刘柳（2013）研究结论相反，该研究结果显示：市场激励型比命令控制型规制工具更具减排灵活性和激励长效性，命令控制型规制手段对区域工业绿色全要素生产率的影响呈 U 形关系，以排污收费制度表征的激励型规制手段效应为正向，而"建立市场"的环境政策工具——排污权交易试点政策并未表现出显著稳定的效应。蔡乌赶等（2017）基于包含非期望产出 EBM 模型的 GML 指数，测算 2003—2014 年中国 30 个省域绿色全要素生产率，论证了不同环境规制工具对绿色全要素生产率影响的异质性：命令控制型环境规制对绿色全要素生产率没有显著影响；当前激励型环境规制对绿色全要素生产率增长有正向促进作用，但长期看两者存在倒"U"形关系；自愿协议型环境规制对绿色全要素生产率的直接影响呈"U"形关系。

3. 基于时间和强度变化表现出的不确定性影响

Lanoie 等（2008）通过考虑环境规制强度对经济生产率的滞后三年至四年的影响，发现更严格的环境规制可以使生产率获得长期温和的增长效应，通过对魁北克 17 个制造业部门数据的研究，发现第一年生产率下降，第二年有轻微的正向作用，然后在三年至四年正向作用不断增强，超过了第一年环境规制的成本损失；研究还显示这种影响对于面向更开放市场的产业更明显，进一步的研究将关注这些动态的影响。Peu-ckert（2014）基于 2000—2004 年 43 个国家大量样本数据，比较了相关规制的设计特点和对国家竞争力的影响，认为环境规制对竞争力的影响与环境政策的设计工具有关，同样也与相关的条件框架相关；严格的且能被很好执行的环境规制对竞争力有负面短期影响，但是通过长期引致创新效应，能够产生长期的正面影响。

刘和旺等（2016）分析中国区域环境规制与企业全要素生产率的作用关系，结果显示随着环境规制强度的增加，环境规制与生产率呈现倒 U 形关系，即环境规制的实施可以促进全要素生产率增长，但是当环境规制严格程度达到一定程度后，企业全要素生产率下降。齐亚伟等（2018）以 2000—2012 年为研究样本期，利用非径向非角度方向性距离函数模型测度绿色全要素生产率，并利用面板 Tobit 模型实证检验了环境规制作用绿色全要素生产率的倒 N 形动态影响效应。徐水平等（2016）通过研究得到了相同结论：环境规制对全要素生产率的影响表现出倒 N 形非线性关系。

　　与上述研究相比较，陈菁泉等（2016）则对环境规制非线性影响全要素生产率的关系做了区域划分，研究显示，中国东部、中部和西部三大区域环境规制的强度与工业行业环境全要素生产率影响关系为 U形；而且与中西部地区相比，东部地区最先达到拐点，越过拐点东部地区的全要素生产率对环境规制变动的反应更强。

　　4. 环境规制对生产率变化没有显著影响

　　Dufour 等（1998）研究魁北克的制造业，发现环境规制对制造业生产率没有显著影响。李小胜和安庆贤（2012）利用 1998—2010 年中国工业投入产出数据，采用方向性距离函数测算环境管制成本和中国工业行业 ML 生产指数，比较包括非期望产出的绿色全要素生产率与传统全要素生产率的差别，结果显示绿色全要素生产率比传统全要素生产率略低，但两者有差别的假设检验并不显著，因此认为环境规制对生产率增长没有显著影响。武建新和胡建辉（2018）在中国经济转型的大背景下，采用 2003—2012 年省级面板数据，评估资源环境约束下产业结构与环境规制对经济增长的影响。该研究将考虑环境污染产出的 ML 生产指数作为经济增长的代理变量，建立纳入环境规制和产业结构的随机前沿生产模型，分析环境规制对经济增长的影响机制，研究结果显示环境规制对中国绿色经济增长不直接产生作用但要素配置功能明显。

　　综合来看，前期相关研究由于考察样本数据、研究方法等因素的不同得出了并不一致的研究结论，充分体现了环境规制影响经济生产率的复杂性。在大量研究中，有的学者采用人均 GDP、GDP 增长率或是传统 Malmquist 生产指数衡量经济增长水平（赵霄伟、张帆，2018；何玉梅、罗巧，2018 等），但是这种代理指标忽略了生产过程中的环境硬性约束，扭曲了社会福利变化和经济增长绩效评价。国际上相关研究更倾向于采用方向性距离函数考察环境约束和环境规制对生产率度量的影响（陈诗一，2010）；这样估算的绿色全要素生产率（有的学者称为环境全要素生产率）更具生产经济学含义（胡鞍钢等，2008）。因此更多的学者采用考虑包含环境污染产出的绿色全要素生产率作为衡量经济增长的指标，评估环境规制对绿色全要素生产率变化的影响，揭示环境规制与经济增长的作用关系。

　　大部分前期研究集中关注环境规制对整体经济的影响，极少数研究涉及海洋经济增长问题。在少数海洋领域的相关研究中，苏为华等（2013）、纪建悦等（2017）研究了传统海洋经济全要素生产率，但是这些研究忽略了资源消耗、环境污染对生产过程的影响；丁黎黎等（2015）采用倒数方法处理非期望产出，通过计算 Malmquist 生产指数，首次测度了中国海洋经济绿色全要素生产率，但是将非期望产出倒数化后等同于期望产出的处理方式，一定程度上扭曲了对海洋经济增长与环境保护"双赢"绩效的评价。在全要素生产率增长影响因素分析中，鲜有学者将环境规制与海洋经济增长相联系，姜旭朝等（2017）研究了环境规制对海洋经济增长的空间异质性影响效应，但是在研究中仍然选择了忽略环境污染的传统经济增长指标。

延续古老的研究课题：环境规制与经济增长关系研究，开展海洋经济领域的新拓展具有更重要的研究价值，在改进衡量指标和研究方法的基础上，力求拟合环境规制对海洋经济全要素生产率的真实影响，进一步丰富波特假说的实证检验，同时对海洋经济管理政策的制定提供重要参考信息。

第四节　总体评述

尽管学者们研究方法和视角并不完全相同，得出的结论甚至相互矛盾，但并没有减弱学者们对环境规制与经济增长作用关系的研究热情。这充分说明环境规制对经济增长有重要影响，这一研究主题有重要的研究价值；同时也说明这种影响关系不存在普适性，也就是说环境规制促进经济增长的波特假说效应并不是普遍存在，但是可以通过对具体情况的研究发现问题，修复或是创造这些条件，使环境规制在改善环境的同时促进经济增长，实现波特假说的"双赢"。环境规制对经济技术效率、环境规制对技术创新、环境规制对生产率的相关研究实质上是围绕环境规制与经济增长作用关系，检验波特假说理论的重要内核。

国内外学者取得了丰富的研究成果，在研究路线设计、研究方法、结果分析等方面为本书的研究提供了基础支撑。在总结前期研究的基础上，需要进一步改进拓展的研究内容主要有以下几方面。

（1）Porter 和 van der Linde（1995）强调规制设计合理对创新及生

产绩效影响的重要性。在大量已有研究中，学者们对"设计合理"的理解并不完全相同。有的学者认为并没有最好的环境政策工具，规制的严格程度比规制工具更重要；另一种观点则认为，假定一种环境规制严格水平，规制工具形式对生产率的影响更重要。因此，在研究环境规制对经济增长影响关系时，应从环境规制强度和规制工具的具体形式两个方面进行研究。在研究不同环境规制工具的差异性影响时，在数据可获得的基础上，多数学者将环境规制工具分成命令控制型和市场激励型两种形式，前者以污染治理投资为指标，后者以排污费为测量指标。国内已有很多前期研究证实了两种规制形式影响作用存在异质性，但少有文献将两种规制工具的作用关系与海洋经济增长相联系，需要进一步拓展。

（2）环境规制真实影响的动态性，增加了两者关系的复杂性。综合相关前期研究，可以看出学者们对环境规制作用经济增长关系的认识由最初的静态，到时间维度的动态变化，以及对环境规制与经济增长双向作用关系的深入分析，考虑时间动态变化中变量间的内生性影响；再到拓展到行业部门层面的动态性，由最初的污染行业到清洁行业的动态变化到行业上下产业链的关联变化以及行业部门间的横向联系；近几年出现的空间动态变化，由最初的区域差异分析，上升到区域作用机制的动态异质性变化；很多学者也考虑到环境规制工具的动态组合变化引致的对经济增长的动态效应。学者们研究重点的不断深入，进一步体现了环境规制对经济增长影响作用的复杂性。因此，针对海洋经济领域具体研究环境与研究目标，注重从时间和空间多维动态变化中进行实证评估，是获得客观性结论的必要条件。

（3）对引致创新效应进一步分解的必要性。前期相关研究表明环境规制引致的创新类型是决定环境规制影响经济增长方向的重要因素。大量学者研究表明，环境规制引致的创新如果仅有助于环境质量的改善，那么这种引致创新效应对提高生产率没有显著影响，甚至可能是负向影响；只有当引致创新在改善环境质量的同时能够有效提高资源利用效率和生产经营效率时，才能促进全要素生产率的提高。而环境规制对经济增长的作用关系最终由间接引致创新对经济增长的促进作用与环境规制直接成本效应的平衡关系决定，这需要比较这种平衡关系的短期表现和长期表现进行分析。鉴于此，本书认为通过利用研究弱波特假说得到的引致创新对经济增长的作用关系不能完全验证强波特假说，因为在弱波特假说中大多数研究选择的创新代理指标是专利数量或是研发经费，这种创新指标不能完全包括环境规制的引致创新。很多提高资源利用效率或者是经营结构及经营理念的创新并不反映在专利数量或是研发经费上。

（4）绿色全要素生产率测算方法的改进。通过梳理相关文献发现，学者们对经济增长指标全要素生产率的评估方法有了重大改进，学者们基本认同在生产过程中，期望产出或是好的产出总是伴随着有害的副产品，也就是所谓的非期望产出，比如水污染、空气污染等。基于 DEA 处理非期望产出的研究方法大致分三种：第一种直接把非期望产出作为投入要素（Reinhard et al.，1999）。第二种通过某种特定变换处理非期望产出。一种变换将非期望产出的值进行倒数转换（Lovell et al.，1995），被称为倍数转换（Scheel，2001）。另一种变换则通过线性单调递减的转换将非期望产出转变为期望产出（Seiford and Zhu，2002）。第三种基于弱处置性概念，即处置非期望产出是有成本的，是受到约束的（也称为环境 DEA 技术）（Färe and Grosskopf，2004）。通过实证研究发现，如果将非期望产出作为投入，则产生的 DEA 模型不能真正反映生产过程（Seiford and Zhu，2002）；与数据转换技术相比，弱处置性引致技术更具普遍性（Zhou 等，2007），而且基于处置性假定的研究方法为在缺少污染治理成本信息或是排放的影子价格条件下测算环境规制成本提供了强有力的理论框架，即可以通过调整产出假定，模拟缺乏环境规制忽略环境污染的生产技术。因此，有必要基于不同处置性假定，将环境污染作为非期望产出，优化绿色全要素生产率的测算方法。

第三章 环境规制作用经济
增长的相关理论

第一节 环境规制理论

根据新古典经济学理论，当存在市场失灵时，竞争市场在配置社会稀缺资源时并不完全有效，通常需要政府制定政策制度加以辅助，而政府的经济功能与公共产品和外部性效应密切相关。要考察的环境规制政策正是政府为了促进环境资源有效率配置实施的主要经济功能之一。在经济学中，环境资源作为一种特殊的资产进行考察，因为人类总是希望环境资源能够增值或者至少避免不当的贬值，从而为人类持续提供美学上愉悦的享受和维持生命系统的保障服务（汤姆·蒂坦伯格、琳恩·刘易斯，2015）。

一 外部性理论

市场失灵影响资源配置最主要的表现为外部性。外部性可分为外部经济和外部不经济。外部不经济指由于生产和消费某种产品产生外部（第三方或社会）成本溢出，并不给予补偿。最典型的外部不经济由过度开采资源、恶化环境污染造成。外部经济指生产或消费某种产品时给第三方或社会产生溢出收益，但得不到溢出收益的补偿收入。并不是所有的外部性都产生市场失灵，比如货币外部性通过价格信号维护了资源的有效配置。只有外部性中缺失重要价格反馈机制，不能有效指示资源稀缺程度时，才会产生市场失灵，使行为选择产生偏差，产生低效率。环境污染导致的外部不经济可以如图 3-1 所示。

在这个简单的模型中，假定完全竞争市场中，厂商供给曲线社会边

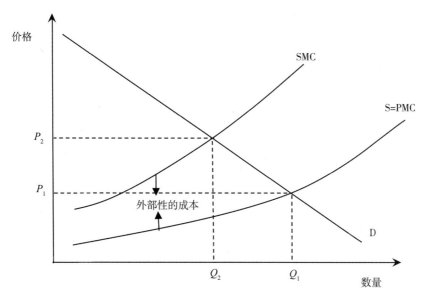

图 3-1　外部不经济

资料来源：［美］德怀特·H. 波金斯、［美］斯蒂芬·拉德勒、［美］戴维·L. 林道尔：《发展经济学》（第 6 版），彭刚译，中国人民大学出版社 2013 年版，第 653 页。

际成本等于个人边际成本（PMC），D 表示需求曲线，市场在价格为 P_1，产出为 Q_1 的点达到均衡，市场出清。当厂商为污染企业，环境污染产生额外的外部成本，使得社会边际成本（SMC）上升，高于个人的边际成本。如果通过规制，外部成本能够通过价格机制在市场得以反映，产品价格就上升为 P_2，需求及产出相应下降至 Q_2，此时产出是有效率的，同时由于污染产品的减少，环境恶化程度得以改善。合理构建反馈外部成本的市场机制的政策和干预有利于环境的改善、市场运行的改善以及社会福利的增大。

当环境资源具有非竞争性或是非排他性，或二者兼有时，与外部性的结合将增加市场对资源的无效率配置。赫尔曼·戴利等（2014）指出，为了消除此类市场无效率，在制定政策时需要更加的谨慎，并详细说明了这些特征的可能组合（表 3-1）。

表 3-1　　　　　　　　　**排他性、竞争性和拥挤性的市场关联**

	排他性	非排他性
竞争性	市场商品或称为私人品，可以由市场提供；并且在完全竞争条件下，可以达到帕累托最优	开放式使用资源（"公地悲剧"），如海洋鱼类、未受保护的森林砍伐、空气污染、污染未受控时的废弃物吸纳能力
非竞争性	潜在的市场商品，人们消费的数量小于他们应该消费的数量（如边际效益仍然大于边际成本），如信息、有线电视和技术等。如果没有完美的歧视性定价，此类商品难以实现帕累托最优	纯公共物品，假设免费进入且拥挤不是问题，如公园里的空气和风景以及大多数环境生态系统
拥挤性	服务费商品或俱乐部商品：稀缺时为市场商品，丰富时边际价值为 0。当价格随其用量波动时，效率达到最大；或者以成立俱乐部的方式以避免资源变得稀缺，如滑雪胜地、收费道路、钓鱼与划船点等	开放使用资源：只有在利用高峰时才可以有效地使用它们，具有排他性，如免费道路、公共海滩和国家公园等

　　资料参考：［美］赫尔曼・E. 戴利、［美］乔舒亚・法利：《生态经济学原理和应用》（第二版），金志农、陈美球、蔡海生译，中国人民大学出版社 2014 年版，第 157 页。

　　1. 公地悲剧

　　"公地悲剧"问题由加勒・哈丁于 1968 年提出，指人们根据先到先得原则开发开放使用资源，最终导致资源过度利用的悲剧，又称为"开放使用资源悲剧"。海洋渔业资源过度捕捞可以说明开放使用资源问题。海洋渔业资源属于公共池塘资源，具有非排他性和可分性特征。非排他性指任何人都可以开发使用；可分性指某团体获得资源数量等于可获取资源总量减去其他团体获得资源数量。当渔业资源不稀缺时，渔业资源的开发不会造成低效率。随着长期粗放式获取，捕鱼量需求不断增加，出现稀缺；导致获取相同的捕鱼量条件下，渔民的成本不断增加。汤姆・蒂坦伯格和琳恩・刘易斯（2015）采用以下经济模型（图 3-2），研究开放使用资源的无效率问题。

　　在这个经济模型中，假定鱼类价格不变，总收益等于捕鱼量乘以捕捞数量。对应每一个渔民，按照边际原则，捕鱼活动的边际收益等于边际成本的 E_1 点的捕获水平是有效率的，此时净收益最大。当所有渔民均不受限制捕鱼时，资源配置是无效率的。在渔业资源不具排他性时，渔民没有激励通过限制自身捕鱼量保护渔业资源的稀缺租金；渔民不是资源的所有者，因此不会考虑资源的资产价值，只是最大化使用，直到

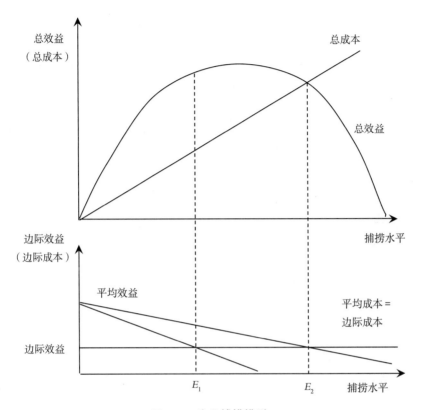

图 3-2　渔业捕捞模型

资料来源：[美] 汤姆·蒂坦伯格、[美] 琳恩·刘易斯：《环境与自然资源经济学》（第八版），王晓霞译，中国人民大学出版社 2015 年版，第 69 页。

个人的总效益等于总成本，稀缺租金完全消失，此时对于图中 E_2 的捕鱼水平，产生过度捕捞现象。如果对于开放渔场，单位捕捞成本过低，可能造成更糟糕的情况：当成本曲线下降至与图中收益曲线的虚线部分相交，就会发生鱼类资源的衰竭。如果在某种环境条件下造成鱼类繁殖在某段时间内下降，E_2 点也可能发生鱼类资源灭绝的现象。"开放使用资源通常既不符合效率原则，也不符合可持续原则。如果要满足这些原则，需要重构决策环境。"（汤姆·蒂坦伯格、琳恩·刘易斯，2015）

2. 公共物品供给不足与"搭便车"

这里讨论的公共物品又称为纯公共物品，具有与私人物品相反的特征，即非竞争性和非排他性。综合不同经济学者的表述，蒂坦伯格的表述更为清晰：非竞争性指一个人对物品的消费不会降低其他人可获得的数量，即该物品在消费上具有不可分性；非排他性指一旦提供资源，即使没有为此付费的人也不能被排除在享受该资源带来的利益之外。环境资源中的公共物品尤为复杂，不仅包括令人愉悦的风景，还包括清新的空气、清洁的水和生物多样性等。根据有效市场均衡理论，不同消费者在消费同一数量公共物品时，可能具有不同的边际收益，社会净收益是不同消费者净收益的总和，因此建立有效的价格体系必须对不同消费者征收不同的价格，这显然是困难的。对于市场商品而言，消费者的消费量等于购买量，消费偏好可以通过购买量反映出来。公共物品的非竞争性使得所有消费者具有相同的社会消费量；同时非排他性特征使消费者更倾向于隐瞒自己的偏好程度，这样生产者无法通过市场确定消费者的支付意愿。消费者依靠其他消费者付费，免费使用公共物品的现象又称为"搭便车"现象。"搭便车"现象所引起的低需求甚至是零需求，使得生产者生产公共物品几乎无利可图，因此产生公共物品供给不足，最终导致整体效率的损失。"搭便车"效应下，"理性自利行为产生了一只看不见的脚，把公共利益踢到脑后去了"（赫尔曼·戴利、乔舒亚·法利，2014），既然不能依靠私有企业通过市场确定公共物品的最优数量，必然需要政府加以引导提供该产品。政府可能通过问卷调查或是公众投票的方式评估公共产品的需求，依据每增加单位公共物品产生的边际收益与政府提供该产品的边际成本相等原则，提供一定数量的公共物品（斯坦利·布鲁伊等，2015）。

外部性理论充分说明环境问题本质上是由于对环境资源的无序使用，产生私人边际成本严重偏离边际社会成本而导致的市场失灵、资源无效率问题。"看不见的手"——市场，并不能完全解决现实的环境问题。对于维护市场不完全竞争、外部性和提供公共产品以及弥补不完全信息所带来的无效率，需要倡导政府的政策调节与干预，通过多样化的制度创新以提高经济效率，其中之一即实施适度的环境规制政策。"不受规制的市场可能产生过多的空气污染，并使公众健康或教育方面投资不足。政府可以运用其影响控制有害的外部性，或是建立一些科学及公共健康项目；政府可以对那些产生外部成本的活动征税，还可以对那些对社会有益的活动提供补助。"（保罗·萨缪尔森、威廉·诺德豪森，2008）

二　外部性控制理论

环境资源通常由于产权不明晰、存在外部性等原因，产生了众多配置低效率的环境问题，对此，经济理论基于效率原则给出了以下几种基本的解决策略（见表3-2），成为现实经济活动中制定环境规制的重要理论依据。

表 3-2　　　　　　　　　　**解决外部性的基本理论依据**

问题	资源配置结果	解决策略
负外部性 （溢出成本）	产出过度，资源配置过度、低效率	1. 明晰产权，私人协商 2. 完善责任条款和法律体系 3. 直接管制 4. 庇古税或是庇古补贴 5. 总量控制和交易机制
正外部性 （溢出收益）	产出不足，资源配置不足，同样产生效率损失	1. 明晰产权，私人协商 2. 补贴消费者 3. 补贴生产者 4. 政府供给

资料参考：［美］斯坦利·L. 布鲁伊、［美］坎贝尔·R. 麦克康奈尔、［美］肖恩·M. 弗林：《经济学精要》（第三版），中国人民大学出版社2015年版，第106页。

1. 通过私人协商解决外部性问题

经济学家罗纳德·科斯提出的科斯定理指出：在一定条件下，私有部门或个体可以通过私人协商有效解决外部性问题，而不需要政府干预。在"完全竞争市场"，科斯定理具有重要意义，即低效率会产生私人努力进而能够阻止环境问题的过度恶化，但是面对更复杂的经济行为，科斯定理在理论和实践层面存在争议。

（1）科斯定理肯定了产权结构的重要性，但是忽视了产权配置带来的财富效应。不同产权配置不会影响资源配置的帕累托最优，但是会带来公平问题。

（2）当外部性影响复杂，涉及人数众多的群体时，私人协商难以奏效。因为此时消除外部性成为一种公共物品，免费搭便车问题会使受影响的群体难以形成联合有效的恢复效率行动。

（3）科斯定理不存在交易成本的假定，不符合现实经济活动。达成协议的成本通常会包括律师费、信息收集费、找出利害相关者以及讨价还价的时间成本等。对于市场商品，经济联系更复杂、密切的发达国家，交易成本几乎占到国民生产总值的一半；与此相比公共物品具有更高的交易成本，如气候稳定、生态系统服务等。科斯定理也肯定了交易成本存在的重要价值，认为"如果没有交易成本的概念，也就没有现在的经济理论，……那就不可能了解经济系统的工作机制、不可能以一种实用的方式分析它的许多问题，不可能拥有制定政策的基础"（赫尔曼·戴利、乔舒亚·法利，2014）。

科斯定理说明在有些情况下私人部门可以通过尝试私人努力解决外部性问题，但大多数情况下，利用制度、法律和政策等政府干预则更有效率。

2. 直接管制

减少外部性效应最直接的方法是限制产生外部性的经济活动，从而强制性地要求产生外部性的企业承担外部成本。直接管制的政策规定包括限制某种污染物的排放量，制定统一的排放标准，或是迫使企业使用标准的控制污染技术标准等，对于未能遵守规定的企业将受到罚款或其他相应处罚，这类管制政策又被称为命令控制型管制规定。在直接管制的政策下，企业为达到规定的标准采用并维护污染控制设备，从而增加了生产的边际生产成本，产品价格随之上升，均衡产量下降，使得最初外部性导致的资源过度配置得到矫正。如在海洋渔业管理中，为了保持鱼类资源的可持续产量，常用的管制规定包括限制捕鱼时间，或调控捕鱼设备以降低年度捕鱼量，等等。然而经济学分析方法提醒实施直接管制政策要更加谨慎。

图 3-3 表示了一个简单的捕鱼管制活动，其中曲线表示捕鱼的总收益，TC_1 表示实施管制前渔民的捕鱼总成本，TC_2 表示实施管制后渔民的捕鱼总成本。净收益最大时的捕捞量为 E^e，此时总收益与总成本间的垂直距离最大。政府意识到渔业资源持续利用的重要性后，实施管制限制捕鱼季。这些管制并没有影响渔民增加捕捞量的动机，为了在更短的时间内获取相同的捕捞量，渔民通常过度投资购买更大的船只或是更先进的捕鱼设施，提高捕鱼效率，尽可能多地进行捕捞，结果是捕鱼成本上升，而实际捕捞量并未得到有效控制；政府会继续加大直接管制力度，比如禁止在特定区域内捕鱼等，捕捞成本曲线继续向左旋转，直至

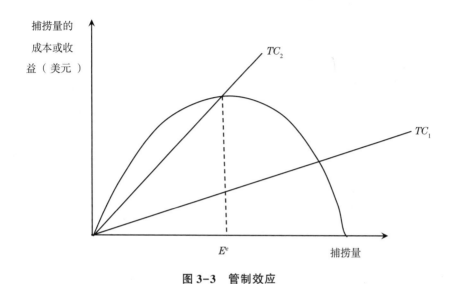

图 3-3　管制效应

资料来源：张帆、夏凡：《环境与自然资源经济学》（第三版），上海人民出版社 2015 年版，第 153 页。

旋转至 TC_2，与总收益曲线相交后捕鱼量恰好为 E^e。在直接管制的作用下，实现了最优捕捞量，然而净效益为零。同时，由于在更短的时间内允许捕鱼，更多的空闲时间，捕捞设备和劳动力闲置；由于需要在更短的时间内捕获相同的渔获量，渔民的快速捕捞通常造成粗放捕捞，鱼类产品质量相对较差。这些结果在经济上是低效率的，违反了成本有效原则，渔民可以用更小或更少的渔船、更集约的捕鱼方式实现同样的捕捞量。

由此看来，直接管制通常会造成较高的成本，在控制资源持续使用量或是污染最佳排放量的同时，造成巨大效益损失。忽视成本效应的管制政策也可能会适得其反，当被规制者无法承担额外的成本时，会有更大的激励违反管制措施，比如在休渔期的违法捕捞，等等。直接管制的另一弊端是对新技术的阻滞作用。一方面，由于新技术使用者会增加市场份额，排挤旧技术使用者，为了自身利益，被规制者通常会集体限制使用新技术；另一方面，一旦管制目标实现，缺乏对进一步节能减排的激励，缺乏技术创新的激励。经济学家们认为，直接管制通常不那么有效，政府应"努力以牺牲最小的微观层面的自由和可变性以达到必要程度的宏观调控"（赫尔曼·戴利、乔舒亚·法利，2014）。

3. 庇古税与补贴

经济学家 A. C. 庇古提出了一种解决环境外部性问题内部化的方法，对产生负外部性的经济主体征税，使税率等于边际外部成本，从而增加经济主体的边际成本，最终实现社会边际成本与边际收益的均衡。当企业减排成本小于税收时，企业倾向于治理污染，节能减排，增加更多的减排量；当企业减排成本大于税收时，企业减排量较小，但缴纳更多税收，最终所有企业的减排成本等于税收。征收庇古税使企业获得更大的灵活性，可以根据自身偏好和知识行事，产生成本最小化、利润最大化的有效结果。

同样是图 3-3，考虑对渔民征税，税收使成本曲线向左旋转，移至 TC_2。在直接管制中，TC_2 包含了所有资源开发涉及的真实成本，但是在征税条件下，TC_2 中包含的税收并不是资源利用成本，是转移成本，在社会总体中是净效益的一部分。征收庇古税后，捕鱼成本高于税收的渔民减少捕鱼量；捕鱼成本小于税收的渔民增加捕鱼量，但缴纳更多的税收，最终渔民捕鱼的边际成本等于税收，以最低的成本实现衡产量 E^e。理论上，征税使资源向具有更高生产率的生产者集中，实现了对资源的有效配置，同时减轻了资源环境压力。

约翰·伯格斯特罗姆和阿兰·兰多尔（2015）用简单的经济模型（见图 3-4）分析排放税和排放标准两种规制工具下资源利用产生的成本差异。模型假定某种污染物的行业有三个代表性企业，治理供给曲线分别为 S_1、S_2、S_3。假设采用直线排污税分别与三个企业供给曲线相交于 A、B 和 C 点。排放标准与供给曲线相交于 D、B 和 E 点。为了便于分析，假定 $Q_3 - Q_2 = Q_2 - Q_1$。在排放税制度和排放标准下，该污染行业提供相同的污染治理总量。由图 3-4 可知，排放标准制度下污染治理总成本为：$ODQ_2 + OBQ_2 + OEQ_2$；税收制度下成本为 $OAQ_1 + OBQ_2 + OCQ_3$，显然，前者规制成本大于后者规制成本。原因是排放税激励有效率的企业 S_3 担负更多的治理量，从而较少缴纳排放税（$Q_0 - Q_3$）；而效率最低的企业 S_1 污染治理量相对较少，但是缴纳更多的排放税（$Q_0 - Q_1$）。

另外一种与税收相似的政策是庇古补贴，即对每降低一单位外部成

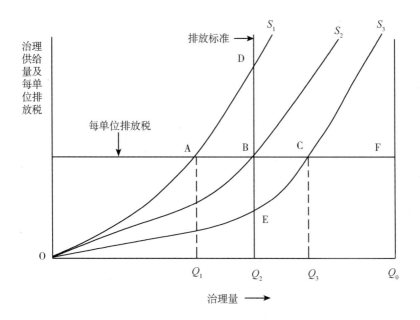

图 3-4　污染治理资源成本（排放税与排放标准的比较）

资料来源：［美］约翰·C. 伯格斯特罗姆、［美］阿兰·兰多尔：《资源经济学：自然资源与环境政策的经济分析》（第三版），谢关平、朱方明译，中国人民大学出版社2015 年版，第 266 页。

本的报酬，理想状态下补贴等于减排或是节约资源带来的边际效益。例如在渔业资源过度捕捞或投资过热时，国家投资回购过剩捕捞能力，减少过剩生产能力，是一种有效的补贴形式。但长期看，补贴有引发相反结果的可能：污染更加严重或是资源过度消耗。补贴为污染行业提供了利润空间，吸引更多的企业进入，尽管单位企业污染量减少，但是企业的增加导致总污染量增加，"如果渔民期待回购政策，他们拥有的船只可能超过实际需要，这会导致更严重的生产能力过剩"（汤姆·蒂坦伯格、琳恩·刘易斯，2015）。但这并不意味庇古补贴不重要，在生态系统恢复方面，庇古补贴是具有积极激励作用的有效方法（赫尔曼·戴利、乔舒亚·法利，2014）。

4. 总量管制与排放交易

从理论上说，税收具有很多优势，但是现实中税率的确定及随着经济发展的动态调整非常复杂，需要掌握每个污染物的总供给曲线信息，获得这些信息的成本是巨大的，通常政府并不完全有把握制定与社会成本相符的价格标准。因此，部分经济学家倡导另外一种通过创造市场定价的方法：利用市场和市场激励以最小的成本实现保护资源环境的目标。戴尔斯最早于20世纪60年代提出建立排污许可证、配额或证书市场。这种方法通常被称为总量管制与排放交易，通过社会设定一定配额（即允许的污染或是资源消耗的最大量），而不是通过税收提高价格，以减少需求；其中的交易部分是指排污许可证（或是配额）可以自由转让，使有限资源配置到更高效率的企业。目前这一方法在发达国家应用相对成熟，如美国利用可交易许可证管制二氧化硫的排放，欧盟利用可交易许可证管制二氧化碳的排放等。

配额分配方式主要有两种：一种是政府以拍卖形式进行分配，稀缺资源的租金为政府享有，这样的结果与税收相似；另一种是政府直接根据经济主体对稀缺资源的历史使用量进行分配，通过经济主体间对配额的市场交易实现市场均衡。政府可以通过回购或出售排污许可证、配额控制污染总量和资源可利用总量。与税收相同，总量管制与排放交易可以有效激励技术进步，因为新技术降低生产成本，从而使得采用新技术生产者从依旧遵循技术生产者处购买新配额变得有利可图。然而尽管总量控制设定了规模，个体可转让配额实现资源有效配置，但是分配问题往往随之而来，可能产生可转让配额的过度集中，形成垄断市场力，因此需要配套政策工具加以辅助，同时需要大量的政府监督和有效的执行措施作为保障。

上述外部性控制理论为分析多元化环境规制政策与工具类型提供了具体的理论基础。不同环境规制形式具有不同的适用条件，在制定和选择环境规制政策时要综合考虑各种规制工具特点，这也增加了实施环境规制政策的复杂性。因此，在多种因素作用下，政府实施的环境规制政策并不一定完全有效，政府干预也存在失灵现象，"诚如存在垄断和污染等问题时会出现市场失灵一样，政府的干预导致浪费或收入分配的不公平这类政府失灵也同样存在"（保罗·萨缪尔森、威廉·诺德豪森，2008）。政府失灵原因可能在于政府决策缺乏科学性、公正性，或规制等立法机关可能成为少数利益集团的俘虏，出现寻租现象，但是"经济学的研究目标不是回答深刻的政治问题，而是通过考察政府策略的选择和市场选择的优势和劣势，探讨设计某种机制（如绿色税收、研发资助等环境规制政策）来弥补"看不见的手"的缺陷，使这只手可以比在完全放任或无节制的官僚体制两种极端条件下更有效率"（保罗·萨缪尔森、威廉·诺德豪森，2008）。政府干预必须适度，干预不足或干预过度都不能有效医治"市场失灵"，反而会扭曲市场价格，加剧市场波动，导致对资源配置的低效率或是无效率。因此，环境规制理论分析揭示了实施环境规制政策的必要性，探讨环境规制政策能否促进经济增长具有重要意义，是对环境规制有效性的重要检验。

第二节　经济增长理论

一　新古典增长理论

围绕环境规制与经济增长关系的讨论延续至今，其中一个重要的研究基础是新古典 Solow 增长模型（Solow，1956），这一模型构建了经济增长分析的基本框架，增长过程可以由生产函数与生产运动规律两个简洁的方程描述。新古典增长模型表明在技术进步外生的假定下，经济长期增长最终由外生的技术进步决定；如果没有技术进步，经济在经历资本积累带动增长后，由于资本边际产品递减而最终停止。此后，经济学家们对新古典分析框架进行了众多拓展。环境污染作为流量或存量纳入了经济增长分析框架（Keeler et al.，1971；Ploeg and Withagen，1991），此类模型显示环境污染不影响经济增长速度，但是影响经济增长水平；从长期看考虑环境污染的增长稳态水平低于不考虑环境污染的增长稳态水平。

Brock 和 Taylor（2010）构建了具有以下特征的标准单部门模型：假定储蓄率和减排外生设定，构建柯布－道格拉斯型生产函数，环境污染是生产活动的副产品，经济的持续增长定义为人均消费不断增加，同时污染排放不断下降的平衡增长路径。这一模型被称为绿色 Solow 增长模型。该模型提供了将环境污染纳入经济增长过程的新的方法，得出以下重要结论：一是污染治理强度的变化不影响经济长期增长率，但是治污强度过高时对经济增长率产生政策拖累，不利于经济增长。二是进一步阐述技术进步对经济增长的重要作用，技术进步有助于经济在较低收入水平阶段实现改善环境的可能。模型中将生产过程中的技术进步区分为产品生产的技术进步和治污减排的技术进步，认为两种类型的技术进步对经济增长具有不同作用。前者对经济增长有规模效应，一定程度上增加了污染总量；后者使环境污染减轻，降低了稳态时污染排放增长率，对产出的长期增长率或是稳态水平没有显著影响。

二　内生增长理论

20 世纪 80 年代末 90 年代初，内生增长理论得以发展，更好地解释了长期的技术进步和与生产率增长的关系。内生增长理论框架强调技术进步是内生的，依赖于经济环境的各种特征；市场是不完全竞争的，而且这种机制对于经济增长至关重要；技术进步依赖于创新的过程，同时创新激励严重依赖于竞争、知识产权、环境政策等多方面的政策，因此经济政策对经济长期增长具有重要作用（菲利普·阿格因、彼得·豪伊特，2011）。

内生增长理论的最初形式是 AK 模型，源自哈罗德-多马增长模型。Frankel 于 1962 年在研究中引入可替代的要素和外部性，构建了 AK 模型的最早形式，Arrow（1962）提出"干中学"模型，利用"干中学"的外部性解释生产率增长；Lucas（1988）构造包含人力资本的 AK 模型，提出创新和知识转移可以通过人力资本积累实现。综合来看，AK 模型的主要框架是企业在资本积累的过程中产生知识外部性，从而避免了资本和劳动力边际报酬递减，促进经济长期增长，因此认为经济增长的关键是节俭与资本积累，而不是创新。这一理论框架的主要缺点是没有明确区分资本积累与技术进步，认为知识积累是资本积累无意识的副产品。这一局限性促进了基于创新基础的新内生增长模型的发展。

基于创新的新内生增长模型更详细地分析了长期增长背后的创新过程，更符合竞争与增长的复杂性，从研究创新方向上大致可以分为两个分支。第一个分支是 Romer（1990）提出的产品多样化模型，侧重水平方向的创新类型。理论框架是创新主要通过增加新产品种类带动生产率的增加，获得永久性垄断租金是进行持续创新的重要激励，竞争和更替显得并不重要。另一分支是由 Aghion 和 Howitt（1992，1998）发展的熊彼特增长模型,侧重于垂直方向上来自质量改进的创新。熊彼特分析框架有几个重要含义,第一个含义是较快的增长通常意味着较高的企业替代率,企业和工人的退出和更新速度是产生创新的重要前提。第二个含义是将创新分为最先进的技术创新和技术模仿两种类型,认为创新强度的均衡与组合不仅依赖于制度和政策,还与国家或地区与技术前沿的距离变化有重要联系。第三个含义是通过"落后优势"解释经济收敛现象,即距离技术前沿面越远,增长速度越快。第四个含义是不同发展阶段应实施不同的创新制度。远离技术前沿的国家和地区应推行促进技术模仿型制度以实现最大化增长;当国家或地区赶上技术前沿后,必须转化制度结构,改为实施有利于最先进技术创新的制度,以保持更高的经济增长率。如果国家或地区不能及时地进行结构调整,就不能实现经济的持续高速增长。

以上对经济增长理论的基本模型做了简要回顾。尽管众多经济学家从不同方面对上述基本模型和假定进行了更高层次拓展与延伸,但是基础理论模型的研究框架和论证的观点为本书研究环境规制政策与经济增长关系提供了方法借鉴和重要启示。无论是技术外生假定还是技术内生假定,经济增长理论充分表明资本积累和技术进步是经济长期增长的重要影响因素。增长理论的发展表明创新是经济增长的终极源泉,适宜的制度和政策可以促进经济生产率的持续增加。合理的环境规制政策可能由于其对创新的重要作用,成为经济增长的驱动因素;也可以通过对当前不适宜的环境政策的调整,创造适宜的制度政策条件,实现对经济增长的正向促进作用。

第三节 环境规制作用经济增长的基本理论

环境规制可以解决外部性问题,缓解环境污染,随着环境规制被广泛应用,发达国家发现虽然环境压力得到一定程度的缓解,经济增长却变得缓慢。因此,环境规制与经济增长的作用关系逐渐成为经济学家关注的重点问题,并围绕这一问题展开了激烈的争论。相关理论研究主要有三种基本观点:环境库兹涅茨曲线理论、传统成本效应说和创新补偿效应说。

一 环境库兹涅茨曲线

环境库兹涅茨曲线理论认为没必要采取环境规制，经济增长可以自动解决环境问题；或者可以延缓实施环境规制，先污染后治理顺应经济增长规律。

在有关环境库兹涅茨曲线的大量文献中，部分学者发现某些条件下随着平均收入的提高，环境质量得以改善；而在另外的情况下却得不到这样的结果（Andreoni and Levinson，2001；Brock and Taylor，2010）。对于这些现象的一种解释是环境是优等商品，当消费水平较低时，效用水平不依赖于环境质量，这表明收入水平较低的消费者通常具有倾向于经济消费、忽视环境问题的偏好。随着经济的发展，消费水平不断提高，当基本需求被满足时，人们的消费偏好发生改变，更加注重环境问题，促进环境保护的投资，维护和提高环境质量。最终随着经济的发展，环境问题自动解决。这种观点认为在早期的发展阶段不用过多地担心环境问题，更不需要额外治理，经济的增长可以自动消除环境污染。这种观点受到众多质疑，主要原因有：

（1）与后期投入大量治理成本相比，初期治理或是源头控制即使考虑贴现问题，在经济上也更节约。（2）忽视了环境的不可逆性。环境不可逆增加了环境保护的重要性。（3）环境规制对经济增长和福利的影响是间接的，即使在发展初期，当人们具有更多的这方面信息时，对环境质量的需求会不断增加。（4）实验性证据证明，环境库兹涅茨曲线更多地反映的是短期的局部环境污染与增长的关系，而长期全球化的公共问题产生的环境问题可能会变得更糟糕（比如气候变化、碳排放、生物多样性等）。

基于对环境库兹涅茨曲线理论的讨论，更多的学者认为要实现节约成本、增加收益解决环境问题，在发展初期进行环境规制是必要的；延迟环境治理将加速早期资本的折旧，减少资本存量；延迟污染治理产生更高的成本。

围绕延迟环境保护是否对技术变化有影响的争论有以下观点：一种观点认为与早期治理相比，延迟治理活动能够应用更先进和更廉价的技术；另一种观点认为只有对减轻排放有激励时，这些先进技术才会产生。这些技术可能正在酝酿过程中，通过"干中学"、规模经济以及为增加生产率降低成本而进行的生产规划，等等；在这些情况下，进行治理活动是恰当的，可以激励产生技术创新。

在某些情况下，为了避免环境变化的不可逆，进行早期的环境治理是非常必要的。尤其对于生态系统或是珍稀物种等，一旦破坏消失，将永远不能恢复（Chapin et al.，2000）。此外，很多环境问题可以通过治理实现的目标通常较低，在没有环境规制的条件下，随着时间的推移治理热情将会不断降低，比如对于气候变化问题，在 2030 年以前减少重大排放，温度仅降低 2℃（Meinshausen et al.，2009）。

二　传统遵循成本说

新古典经济学家的传统观点认为，环境规制的目的是消除环境外部性，将负外部性成本内部化，纠正市场失灵，这必然需要增加额外生产成本。被规制企业将面对更高生产成本，减少致力于其他生产的管理时间，从而影响企业、产业、区域层面的经济增长能力。企业将失去市场份额导致更高的生产成本，产业部门将放弃生产污染产品，调整生产结构，甚至迁移至环境规制较宽松的区域，尤其是对于污染密集型产业。而且在生产链中上游产业的环境影响（更高的外部成本和社会成本）将大于生产活动的增加值（Clift and Wright，2000）。基于成本效应对产业结构和空间布局的影响，产生以下理论假说，解释环境规制对区域经济增长产生的负面影响。

1. 污染避难所假说

自由贸易被认为是有利于环境修复的，因为更多的对外贸易可以增加区域的人均收入水平，随着人均收入的提高，人们不断增加对更高质量环境的需求，进而促进环境的治理与保护（Antweiler et al.，2001）。但是过低的贸易壁垒对环境不利，如果一个国家实施较宽松的环境规制，就会有更多的重污染行业向这个国家转移，这种现象被称为"污染避难所假说"（或称"污染天堂假说"）。这一假说认为具有重污染生产活动的跨国企业通常会布局在环境规制相对宽松的国家，对于欠发达地区或发展中国家，较低的环境标准成为一种竞争优势，最终会出现这样的现象：贫穷的国家或地区成为重污染行业集中的天堂。Copeland 和

Taylor（2003）、Macdermott（2009）通过研究均发现污染避难所效应的存在，污染密集型产业的资本通常向环境规制比较弱的国家或地区集中，改变这些地区的产业结构，进一步加剧了区域的环境污染。

2. 环境竞次假说

具有较严格环境规制的发达国家对污染行业施加更高的规制成本，因此发达国家的污染产业与发展中国家的竞争对手相比具有更高的生产成本，高额的成本激励发达国家污染产业进行产业布局调整，配置到环境规制相对宽松的发展中国家。国际资本的重新配置迫使发达国家放松环境规制以吸引更多的资本。当更多的国家和地区相继以资源环境为代价使外资不落他人之手时，便形成了恶性"竞次"过程。在欠发达国家或地区资本积累比环境问题更加紧迫，因此通常在工业化发展初期，环境"竞次"现象难以避免。Ljungwall 等（2005）研究发现中国经济不发达地区普遍存在通过牺牲资源环境吸引资本的"竞次"现象，这些地区的产业结构变得更加粗放，难以长期持续发展。

三　创新补偿说

Porter（1991）发表文章首次提出环境规制对企业绩效有正面影响。Porter 和 van der Linde（1995）对这一观点做了进一步解释：如果一个国家施加的环境规制比竞争对手的更加严格，这些规制措施将激励创新行为，进而提高生产率，增强国内产业竞争力。与传统成本假说的静态研究不同，Porter 提出的观点基于创新的动态视角，认为市场具有以下基本特征：技术具有无限发展潜力、信息不完全、组织惯性。在这些假定下，环境规制政策可以对资源的无效率发出信号，激励企业创新，以弥补甚至是超越规制的执行成本。这一观点形成了创新补偿说，也称为"波特假说"。

创新补偿效应是波特假说的核心，严格环境规制为何能通过这一核心效应实现保护环境、促进竞争力的"双赢"，Porter 进一步解释并给出了五种基本原因：一是规制可以向企业无效率资源和潜在技术改进发出信号；二是集中于信息收集的规制可以通过提高法人意识获得收益；三是规制可以减少环境投资的不确定性；四是规制可以产生压力，激励创新和进步；五是规制可以提高经济发展水平，促进经济结构转换。同时波特假说也强调创新不总是完全抵消环境执行成本，尤其是短期内；并不是所有的环境规制都可以产生创新，仅仅是设计合理的环境规制能够产生创新（Porter and van der Linde；1995）。

波特假说挑战了利润最大化假定，因此受到新古典经济学家的质疑，争论的焦点主要集中于两方面：一是基于企业可能系统性地忽略有利可图机会的假说。为什么环境规制对于企业采取增加利润的创新活动是必需的？对此，Porter 和 van der Linde 做出了间接回答：规制之所以能够激励创新活动是因为这个世界并不适用于完全乐观的信念，追求利润最大化的企业并不能总是做出最优的选择。二是即使企业错失系统性的有利可图的商业机会，环境规制又是如何改变这一现实的？政府能够比企业管理者更好地观测商业环境吗？Porter 和 van der Linde 认为环境规制可以帮助企业鉴别有成本资源的无效率，可以产生或是传播新的信息（比如最佳实践技术），有助于克服组织惯性。波特假说的提出使学者们重新审视环境规制与经济增长的关系，并围绕这一假说进行了更加深入的理论研究。解释波特假说合理性的理论主要有以下几种：

1. 引致创新理论

引致创新指商品相对价格的变化不仅产生消费模式的变化，而且会使技术进步的方向发生变化。这一观点最早始于 Hicks（1932），他提出生产要素相对价格的变化是创新的自我激励，以发明更节约地使用这种价格昂贵要素的新的生产方式。直到 20 世纪六七十年代引致创新假说开始引起广泛讨论。在 20 世纪 60 年代，资源禀赋在影响技术变化中发挥的作用逐渐引起关注。引致创新有两种不同的基本形式：宏观领域的要素价格引致创新和微观领域的要素收入引致创新。因为本书主要研究宏观经济增长问题，所以这里主要论述宏观层面的引致创新形式。要素价格引致创新的基本观点是：不同成本关系的变化产生替代过程，进而能够引致技术上和效率上更好的生产方法。Newell 等（1999）论证了当能源价格相对其他商品的价格增加时，经济的能源密度将会下降，因为人们改变了他们的行为方式。例如，为了节省能源，空调可能不再使用，火炉可能被市场上可获得的其他更节省能源的装置代替等，长此以往，技术进步的速度和方向就会受到影响，市场上可获得的商品将包含更多的绿色节能产品。

　　引致创新理论不同于熊彼特创新理论。熊彼特创新理论以进化视角研究创新过程，认为创新与发明可能完全不相关，企业的研发活动在很大程度上具有随意性。而引致创新理论认为企业的研发预算是有确定性模式的，即研发支出以及此后的发明和创新都是由要素价格变化驱动的，研发投资是有意识的，是为了减少消费更昂贵的生产要素（Jaffe et al.，2003）。

　　然而现实经济活动中企业的研发投资水平低于最优投资水平，主要原因是存在两种市场失灵现象。一方面研发投资有风险，而且研发结果具有高度不确定性。尤其是早期研究结果显示具有更大潜在价值的研发活动通常具有较低的成功率。因此研发投资机会成本增加，企业倾向于研发投资不足。另一方面的重要原因在于创新活动的外溢性。不考虑专利，企业可以预测到知识的外溢效应，不可能完全占有成功创新活动的所有收益，进而产生投资不足。适当的政策工具有助于增加创新活动。波特假说的核心正是基于引致创新理论，认为实施适当的环境规制政策可以为企业提供商品价格变化的信号，有效引致创新活动，引导企业采用更有效率的生产方式，进而提高企业生产率。

　　一般的技术扩散是非常缓慢的，尤其对于更先进的技术。假定用户只有在感知收益大于成本时才会选择转换技术。而潜在用户群体是异质的，具有不同的感知收益，从而增加了技术转换的不确定性。早期新技术的采用是有风险的，因为新技术在初期具有不可靠性，而且运行绩效仍然比较有限，随着时间推移，扩散过程延伸至更多的生产者和用户。政府制定的环境规制政策对于加速技术扩散过程是必要的。比如政府可以通过直接购买、税收优惠或是补贴等多种形式促进环保市场规模的扩大，同时加速环保技术的扩散速度。

　　2. 市场领导理论

　　Rothfels（2002）研究显示强制执行的环境标准能推动国内企业成为绿色市场的领导者，从而增强竞争力。Beise 和 Rennings（2005）进一步将早期市场领导理论拓展到环境创新领域，认为在这种背景下环境规制发挥重要作用。根据他们的理论，环境产品和服务的领导市场是那些最先采用未来全球设计标准，进行全球扩散的国家和地区。因此这些国家和地区的绿色产业经历了典型的先发优势，这一理论进一步解释了波特假说的可能性。当国内企业率先采用未来全球规制标准，这个国家的相关产业就可能具备市场领导力，从而增强产业竞争优势。产品或是技术成功出口的前提是其他国家要模仿或是追随市场领导者，如果实施的环境规制不能在国家间扩散，出口机会也许不会发生，先前承诺的生态创新市场则仅限于国内市场；然而当其他国家也执行相似的环境规制，领导市场的创新则有很好的机会长期保有先发优势。

3. 基于组织失灵的理论解释

也有很多学者从企业内部机制失灵解释波特假说，认为环境政策能够通过解决企业内部协调失衡，减少无效率，进而促进企业竞争力的提升。Xepapadeas 和 de Zeeuw（1999）从理论上阐述了严格的环境规制能够诱导企业产生精简效应和现代化效应。环境规制导致的生产成本增加能够激励资本存量的重组，促进生产效率的提高。一方面企业淘汰相对陈旧的机器设备，更新的机器设备有更高的生产效率和较小的环境污染；另一方面新机器设备具有更高的购买成本，价格的上升使资本存量规模减小。两方面影响分别对企业产生现代化效应（Gabel et al.，1997）和精简效应（Ellerman，1998）。尽管额外的税收负担、投资和产出结构的转换对企业是无利可图的，但是环境规制成本却从三个方面得到缓和：精简效应对价格产生向上的压力，现代化效应增加了资本的生产率，精简效应和现代化效应协同降低了污染排放。

Ambec 和 Barla（2002）构建委托—代理理论模型解释波特理论的重要观点：环境规制可以克服组织惰性。企业组织存在两种潜在非效率，即企业内部信息不对称和有缺陷的组织结构。更准确地说，经理人拥有研发投资产出的私人信息，为了确保通过研发投资增强生产率、减轻环境污染，经理人通常会抽取信息租金（比如奖金、红利、特殊津贴，等等），增加的生产成本使研发投资激励降低；相反，如果政府实行环境规制，经理人将失去信息租金，成本节约使企业有更大激励进行研发投资。只有实行严格环境规制，企业才能承担有风险的研发项目（许多项目在事后是有利可图的）。Mohr（2002）、Greaker（2006）也从理论上论证了环境规制通过影响企业内部机制促使一部分企业投资新的减轻污染技术。

4. 基于市场失灵的理论解释

也有学者假定不完全市场竞争条件下的市场失灵，解释调和波特假说和利润最大化假定。Simpson 和 Bradford（1996）利用国际贸易模型显示由于环境外部性，严格的环境规制有助于利润由国外向国内的转移。Mohr（2002）提供了一个技术外溢导致的市场失灵的理论模型。模型显示当公司研发投资收益的一部分被竞争者享用时，研发企业在清洁生产或更有效率生产方面存在投资不足；强制执行的环境规制可以促使产业从研发投资不足的低水平均衡转换至研发投资更高的帕累托改进均衡。在不完全市场竞争下，Andre 等（2009）建立垂直产品差异化的双头垄断模型研究环境规制影响因技术外溢导致的市场协调失灵问题，论证了环境规制不仅促进企业增加利润，而且增加消费剩余。对产生环境污染的企业进行罚款或一次性税收能够解决市场协调失衡问题，诱导企业产生新的能够增加利润的均衡，并认为这种协调失衡可以延伸至更复杂形式的环境规制，比如排污费等。尽管不同学者对市场失灵的具体定位和水平不一致，但是他们对波特假说的具体解释基本是一致的。

第四节 环境规制作用经济增长的理论模型

快速的经济增长导致环境恶化，如果没有积极的环境政策，这一局面将继续恶化。传统的经济观点认为改变这一糟糕局面的政策具有极大的成本，是昂贵的，而且由于成本的增加阻碍经济增长，这是落后国家和地区承受不起的。然而环境恶化本身也是有成本的，而且更多的环境污染、环境退化是由市场失灵和政策无效率造成的。克服这些失灵，就可能产生更有效率、生产率更高的经济体系和更多的产出，带来更大的社会福利。因此分析环境规制对经济增长的作用机制具有重要意义，制定环境规制并促进其有效实施是增强经济绿色增长能力的重要实施途径。

环境规制对经济增长具有直接贡献。环境作为自然资本是经济生产过程的投入要素。保护环境有利于提供更多更优质的自然资源作为生产要素，从而增加产出和收入。环境作为资产使用通常受限于外部性和产权不清等市场失灵，矫正市场失灵可以增加自然资本的有效供给，提高产出。保护环境，提升环境质量通过改善空气和水的质量等直接增加人类福祉。

因为世界经济系统远未实现最优化，环境规制对经济增长具有间接贡献。除了前面提到直接导致环境问题的市场失灵和政策失灵外，经济系统中存在大量其他方面的市场失灵，对环境和经济系统有负面影响。解决这些市场失灵可以产生超越经济的协同效应。因此，理论上实施合理的环境规制有助于经济增长，不同国家或地区的具体发展条件并不相同，波特假说并不具有普遍性，只有在一定条件下才成立。要研究经济增长与环境污染减轻是否能够同时实现，将环境问题与经济增长置于同一研究框架认识两者的作用机理是必要的。

一　理论模型

在 Solow 模型中，劳动力和生产率增长是外生的；在 AK 模型中，生产率增长是内生的，依赖于教育、研发、产出规模和"干中学"的投资。经济政策通过影响物质资本、社会资本和人力资本的积累，使产出最大化，实现经济增长。这些模型忽略了环境的生产作用，尽管环境可以提供愉悦舒适性。

1. 包含环境的生产函数

依据内生增长理论，经济生产活动直接依赖于自然资源存量和环境质量。环境是生产函数的重要组成部分。环境被看作生产活动的限制因素，因为环境产生资源能力有限，同时承载废物的能力也是有限的。良好的环境对经济活动有多方面的正面影响，如更优质的土壤和更高质量的水资源可以使农业具有更高的生产力；高质量空气和饮用水使得人们更加健康和强壮，拥有更强的生产管理能力；很多环境污染造成的自然灾害得以避免，等等。生态环境系统提供的服务远远超过他们的美学愉悦价值。环境是经济增长所必需的自然资产，因此，环境管理成为生产投资。与物质资本投资相似，环境管理失灵会导致自然资本的折旧和贬值，直接影响经济生产。因此生产函数可以写作以下形式：

$$y = f(A, K, L, E)，且 \ dY/dE > 0 \qquad (3.1)$$

在这一生产框架中，需要考虑的是生产要素具有互补性还是替代性。如果生产要素间具有可替代性，环境退化就可以通过投资其他物质资本、人力资本或技术变革得以弥补；如果要素间具有互补性（或弱替代性），保护环境是维持经济生产的必然选择。

仅有少数相关研究认为其他生产要素对自然资产具有潜在替代性，而且这种替代是有限的。自然资本与其他生产要素间的弱替代性说明通过保护环境，促进自然资产的增加，可以解放更多的其他生产要素，即提高生产资源利用效率。进一步解释，假定生产中只有两种生产要素，自然资本 E 和其他生产资本 O。如果自然资本是稀缺的，且与其他生产要素的可替代性几乎为零，那么自然资本与其他投入要素的边际产出比值就非常大，意味着增加较少的自然资本 E，需要大量的其他投入资本 O。假定生产函数具有不变替代弹性，生产函数表示如下：

$$Y = A \left[\alpha\, O^{1-\frac{1}{\varphi}} + (1-\alpha)\, E^{1-\frac{1}{\varphi}} \right]^{\frac{\varphi}{\varphi-1}} \qquad (3.2)$$

则资本 E 与 O 的边际产出为：

$$MP_E = MP_O \left(\frac{1-\alpha}{\alpha} \right) \left(\frac{O}{E} \right)^{\frac{1}{\varphi}} \qquad (3.3)$$

从公式（3.3）可以看出，当资本 O 与 E 的比率增大（如由环境污染导致资源资本较少时），同时两者替代率为 0，自然资本的边际产出将趋向无穷大。因此，如果环境资本是稀缺的，其他生产资本相对比较充裕，环境资本额外的边际价值非常大。在一定条件下，环境资本与其他生产资本的替代率在短期和长期具有不同的表现，短期内损失一定的自然资本可以通过增加其他生产资本得以弥补，但是从长期来看，替代效应非常微弱。Dasgupta 和 Heal（1979）也认为判断环境资源对于经济增长的重要影响主要依赖于环境资源与其他生产要素的替代弹性，如果替代弹性非常低，则环境资源对经济增长具有重要作用。环境对于经济增长的另一个重要影响是环境恶化会导致环境灾难，这将意味着所有的经济活动都无法进行。

2. 市场失灵假定下的生产函数

不存在市场失灵的条件下，如果环境外部性完全内部化，环境资产就可以拥有适宜的价格，完全进入国民经济核算体系。但是现实经济体系中，环境外部性、市场失灵以及计算环境价格的技术问题等，使这一理想化难以实现。

增加环境投资提高生产水平是否促进经济增长，需要视具体情况而定。正如 Rodrik 和 Subramanian（2008）解释的，生产活动的增加可以增加收入和储蓄，当面临信贷危机（主要指因为储蓄不足或资本市场准入不足时无法进行令人满意的、可实现利润最大化的投资）时可以促进经济增长。然而当面临投资机会不足时（因为没有建立合理的制度，保证投资者可以从投资收益中获利），情况就完全不一样：人们致力于低回报的经济活动，生产水平的增加就不会转换成经济的增长，因为经济活动没有产生足够的收益使家庭进行储蓄和积累资产。现实的经济活动与理想情况并不完全相同，技术外溢和规模经济往往带来研发投资不足（Aghion and Howitt，1992）；由于临时的危机或结构原因产生生产要素利用不足；维护经济活动的行为可能产生偏差，远离最优均衡。

环境规制可以看作致力于解决失灵行为的政策，因此理论上环境规制可以促进经济增长，同时保护环境，使环境质量更优。拓展理论假定：模型中允许市场失灵。f 不是当前的生产函数，而是基于可利用的技术、物质资本、人力资源和环境可以达到的最优生产水平，即生产前沿。

$$Y = \psi f(A, K, L, E) \qquad (3.4)$$

其中，ψ 表示生产效率，$0 < \psi < 1$。短期内，ψ 也包括需求导致的凯恩斯效应，真实的生产过程受限于需求不足而不是生产能力不足（比如高失业率，生产资本利用率极低时）。

在模型（3.4）中引入环境规制努力 P_E，致力于保护环境，提高环境质量。则得到以下形式：

$$Y = \psi(P_E)f[A(P_E), K(P_E), L(P_E), E(P_E)] \qquad (3.5)$$

环境规制努力的成本将产生环境保护与经济生产的权衡，环境规制可能对经济产生以下负面影响：

（1）降低全要素生产率（A）。通过迫使生产者使用更昂贵或是生产率更低的技术（可再生能源要比传统石化能源更昂贵）。

（2）加速基于污染技术的物质资本（K）被淘汰，表现为资本存量减少或是加速物质资本的折旧。这一影响除了增加直接生产成本，需要增加投资替换淘汰的物质资本，至少短期内减少消费和福利。

（3）导致产出的产品和服务价格上升，改变了相对价格。这一结果直接影响需求结构，使得生产结构难以满足需求的变化。如需求的变化可能产生某些具有较高生产能力的部门需求不足；而其他生产能力不足的部门需求反而过剩，这种结构变化使得效率降低，ψ 减少。

在模型的生产框架下，经济生产率的减少是因为环境规制的成本大于环境规制使外部性减少带来的收益。如果产出 Y 的核算中包括生态系统服务，那么环境规制的影响可能增加产出 Y。因此，环境规制可以通过以下方式增加传统的生产产出：

（1）增加生产投入（K、L、E）的有效数量。环境规制对环境资本 E 的影响很明显，因为提高环境质量是实施环境规制的主要目标。环境规制政策也会增加劳动力和物质资本的有效供给，比如更高质量的水和空气资源可以提高工人的健康（Hanna，2011）；管理好自然环境风险有助于降低自然灾难中的资本损失（Hallegatte et al.，2007；Hallegatte，2011），等等。

（2）市场失灵会产生环境问题，降低自然资源利用率。环境规制致力于解决这些市场失灵，有助于增加生产效率、降低生产成本，进而促进产业生产率和竞争能力的提升。Gillingham 等（2009）研究发现致力于提高能源效率的环境规制通常能够以负成本完成规制目标，即规制带来的收益大于规制成本。在经济衰退的国家或地区，环境规制可以作为激励政策（Zenghelis，2009）。

（3）通过加速引致和传播创新，促进知识在整个经济中外溢等，增加全要素生产率（A），改变生产前沿，正如波特假说中的创新补偿效应。因为在缺少公众干预的情况下，知识投资低于最优水平，即存在研发投资不足，而环境规制政策可以有效促进研发投资。针对这一点，需要进一步考虑环境规制是否能够促进经济中的技术创新。

二　传导路径

下面通过对生产函数微分表示环境规制变化对经济产出增长的影响：

$$\frac{dY}{dP_E} = \psi'f + \psi[f_A A' + f_K K' + f_L L' + f_E E'] \tag{3.6}$$

对不同投入要素量 X ，f_X 表示资本要素 K、L、E 和生产率（A）的边际产出。因此，环境规制对经济增长的直接影响是 $\psi f_E E'$ ；$\psi' f$、$\psi f_A A'$、$\psi f_K K'$ 和 $\psi f_L L'$ 是不同的协同效应。公式（3.6）表明环境规制对产出影响机制主要表现在五个方面，分别为对资本存量、劳动力、自然资本、效率和知识资本的影响。五个方面影响在图 3-5 中主要表现为三个影响过程：水平传导方向对生产要素组合的影响（Ⅰ）、垂直传导方向对效率（Ⅱ）和生产技术前沿的影响（Ⅲ）。

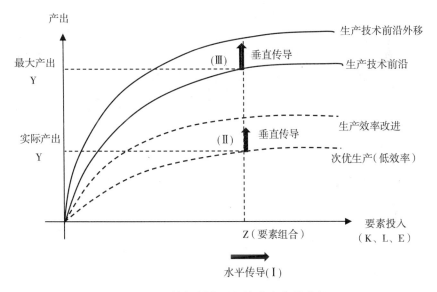

图 3-5　环境规制作用经济产出传导路径

过程（Ⅰ）：环境规制的实施对生产中的物质资本、劳动力以及环境资源产生重要影响。其中环境规制对劳动力的作用（$\psi f_L L'$）主要通过环境对劳动力健康的影响。严格的环境政策能减少大气污染，进而减少呼吸道疾病，增加劳动力生产效率，减少因生病而浪费的时间；环境规制对资本的影响（$\psi f_K K'$）除了负面成本效应，也有正面作用。活动在灾难中可产生重大经济损失等；保护红树林生态系统有利于增强海岸带对飓风和风暴潮等自然灾害的抵御能力，减少洪水灾难中的资本损失。环境规制政策的制定目的就是保护环境，因此合理的环境规制通常可以对资源环境（$\psi f_E E'$）有正面积极的影响，比如可交易配额，在渔业经济中，在保护渔业资源存量的同时，促进了渔业生产产出和就业的增加。

过程（Ⅱ）表现为环境规制对生产效率的影响（$\psi'f$）：当生产投资的成本效率是负的，就不能通过投资产生的收益来弥补。这些非效率现象通常是由市场失灵或行为偏差导致的（Gillingham et al.，2009），比如，以减少能源消费和碳排放为目标的环境规制可以解决这些市场失灵或影响生产行为，产生较少的环境损失和具有更高增长潜力和效率的经济。也有些非效率现象需要通过环境规制和经济收益共同解决，比如土地市场中拥有安全的农耕制度或土地所有制度，可以为临时使用者提供更好的服务（包括固体垃圾的清除装置、环境卫生设施和排水系统、健康的饮用水等）。除了有较好的环境收益，环境规制也能够增加福利、劳动力生产率和经济的整体运行能力，比如土地所有制可以使贫穷的家庭拥有信贷的能力，并因此有能力进行其他经济活动的投资。此外，效率影响也包括需求驱动的激励效应。在经济低迷或是衰退时期，环境政策可以通过宏观层面的激励效应获得更多的收益，比如环境规制政策实施暗示对绿色清洁产业的需求，吸引更多的投资进入该领域，带动经济的发展。

过程（Ⅲ）表现为环境规制对生产技术前沿（$\psi f_A A'$）的影响，与波特效应一致，环境规制可以产生引致创新，比如环境温室气体排放方面的环境规制可能激励光伏产业的研发活动等，但是理论上环境规制也会对生产性研发活动产生挤出效应。

环境规制对经济产出的影响具有波动性。一方面，环境规制可能通过成本效应阻碍经济活动或扭曲短期内的平衡结构，对经济产出有负面影响；另一方面，环境规制可能由于减少面对环境灾难、经济震荡（比如商品价格的巨大变动，丧失创新竞争力等）时经济增长的潜在风险，从而正面影响经济产出。两种效应的权衡表明环境规制对经济增长的影响更加依赖于具体的增长环境。

三　基于传导路径的政策分析

环境规制影响经济产出的传导机理具有多元化特征，因此为有效促进环境规制对经济产出的正向传导，需要谨慎选择环境规制工具。基于新古典理论中外部性理论，环境规制政策大致分为三类：基于"定价权"的环境规制政策；"弥补或替代价格"政策，这种政策不依赖于市场信号影响期望的变化；创新、产业政策等经济活动政策。

环境问题一般与"外部性"相联系。影响环境的经济活动行为人并不能发现他的行为的全部影响，也不对造成的污染支付补偿。根据社会价值矫正价格或将外部性价格化，是环境规制中最主要的经济方法，比如税收或补贴、可交易许可证或建立合理的产权市场等。定价权可以用来调整经济增长和社会福利的协同收益。形成正确的价格非常重要，但是在次优市场环境下，通过干预价格规制经济活动的方法往往不完全适用，需要提供相关的配套政策。这些配套政策可以缓解市场失灵，产生更高的收入和经济增长。分析原因主要包括以下四个方面：

（1）涉及外部性时，制定合乎价值标准的价格非常困难。因为政治、经济、社会等原因，价格变化具有很强的对立面。政治上更倾向于补偿和缓解不合理的分配影响；经济上则倾向于提高价格以便能反映真实的社会成本。因此为了调和政治与经济问题，在多数情况下，最好的方法是混合政策，包括价格变化和配套的政策支持。

（2）存在外部性时，评估正确的价格是非常困难的。许多学者运用不同方法评估环境商品和服务的经济价值（Pagiola et al.，2004；Hanley and Barbier，2010），结果显示评估结果具有显著的不确定性，根据具体情况或低或高，尤其是对于正确价格的界定并没有达成共识，因为考虑非市场价值时通常会涉及大量的伦理问题。关于评估的争论使实施价格调整变得困难，需要应用非价格的政策调整。

（3）通过定价权解决环境问题对经济活动也存在很多负面影响。经济活动的驱动因素不仅仅取决于经济核算，还包括社会价值和固有动机。在某些情况下，价格系统可能会减少或消除企业追求社会价值的动机，产生与预期相反的影响。

（4）许多市场失灵抑制了定价权的有效性。主要包括：

①当具有较低的价格弹性时，价格引发行为变化和技术变化的能力有时受到可替代性的影响。比如在缺少可替代交通工具选择的情况下，司机对高价燃油（为了鼓励使用可再生能源）的反应并不强烈。在这种情况下，价格政策发挥效力必须辅以必要的基础设施投资（比如公共交通、输电线路等）以及其他的配套政策，比如城市发展计划的变更、

规制标准的调整等。如果这些变化可以提高交通工具的替代性，就会增加经济效率，促进经济增长。消费者一旦锁定交通工具的购买、房屋类型和位置、就业地点等，将不再受价格信号的影响，因为这些资本投资具有长期性并被锁定。在实施环境规制政策时，对于能源密集型和资源密集型产业，价格弹性相对比较低，促进这些产业发展的传统配套政策实际上减少了企业对环境规制的遵从响应程度。

②在市场或制度缺失的条件下，需要制定具体的制度工具促进"定价权"转换为正确的激励。克服环境外部性问题也需要矫正经济外部性（组织失灵等），增加经济效率，尤其是对于委托—代理问题，制度方案非常重要。

③由于技术或制度能力问题，价格工具难以实施，例如基于市场的可交易配额制度在实施中面临技术问题。这是欧洲交易系统的一个例子（Betz and Sato，2006）。

在不同的国家，最优、最适宜的环境规制工具并不完全相同，因为国家和地区间的制度能力、透明度、问责制以及公众参与能力等都不相同。这说明合理的环境规制需要根据国家和地区的具体发展环境进行调整，环境规制工具要谨慎使用。

第五节　本章小结

本章较为系统地梳理了环境规制影响经济增长的相关理论，在绿色增长框架下，构建理论模型，阐述了环境规制实施的必要性、可行性与作用经济增长的传导路径，为研究环境规制作用海洋经济增长的影响效应提供了理论支撑和研究框架，主要结论如下：

（1）关于环境规制对经济增长的作用在理论层面并未形成完全一致的观点。环境问题导致的边际私人成本偏离边际社会成本，可以通过实施环境规制政策加以矫正，但是政府制定的环境规制政策不一定完全有效。环境规制必须适度，规制不足或是规制过度都不能有效矫正"市场失灵"，反而会扭曲市场价格，加剧市场波动，导致对资源配置的低效率或无效率。因此，需要对环境规制作用海洋经济增长的影响效应进行实证检验，为优化环境规制政策提供有力的依据参考。

（2）关于环境规制对经济增长传导路径的探讨表明，无论是水平传导还是垂直传导，环境规制在产生经济成本的同时，也对经济增长产生正面积极影响。环境规制对经济增长的总影响（即经济增长的净收益）取决于具体的经济发展条件，需要通过实证研究予以说明。在后面的章节，将结合中国沿海省份海洋经济发展的具体情况，对垂直传导路径进行实证研究。

（3）环境规制对经济增长的影响具有复杂性和广泛性。基于理论模型，本书研究侧重于环境规制对海洋经济增长垂直方向上的影响效应，对于环境规制影响生产要素组合的水平方向作用不做重点展开研究。因此，假定资本、劳动力和资源等生产要素组合不变，实证部分将检验垂直传导路径：环境规制对经济效率、环境规制对技术创新的影响效应，并最终以海洋经济全要素生产率增长指数作为衡量海洋经济增长的指标，论证环境规制对海洋经济增长的总影响效应。

（4）环境规制理论和经济增长理论充分表明，环境规制引致创新效应是影响经济长期增长的重要源泉。引致创新既包括引致技术创新，也包括引致制度创新，引致技术创新可以有效推动生产技术前沿的外推；引致制度创新则可有效促进生产效率的改善。因此，环境规制对海洋经济的引致创新效应是最终影响经济生产率的重要因素，将作为本书研究重点在后面章节进行分析。

第四章　中国环境规制演变与特征

第一节　环境规制发展背景

关于环境与经济发展之间关系的认识，最早追溯于美国。早在 20 世纪 30 年代，美国就出现大规模的环保运动，包括植树造林和水土保持运动等，这些都是为了促进经济发展。这一时期，人们对于环境与经济的认识始终停留在自然环境天生由经济目标支配这一阶段（金海，2006）。直到 20 世纪 60 年代，随着发达国家工业化的发展，人们逐渐意识到经济发展带来了环境恶化的副产品。正如尼克松总统所说："在（以前的）那些年代中，从工厂烟囱里冒出的黑烟是一种令人放心的迹象。然而，现在看来，我们把一系列过于狭窄的目标推行得太久了。"（Collins，2000）1962 年雷切尔·卡森出版了《寂静的春天》，为人类敲响了警钟：生态系统是脆弱的，对经济发展具有制衡作用。美国著名环境史学家塞缪尔·P. 海斯指出，1965 年人们对环境关注的重点发生决定性转折，由初期的注重户外娱乐、野地露营等环境保护问题转向工业经济增长伴随而来的严重的环境污染问题，进而对人与自然间生态关系进行深入思考（Hays，2000）。

到 20 世纪 70 年代，环境问题被人们普遍认为是影响经济发展的第二大问题。同时也产生了许多极端环境保护思想，认为为了保护环境，应停止经济发展，实现人口零增长，甚至有经济学家认为生产和消费应该最小化而不是最大化（Cramer，1998）。显然这些极端思想是有失偏颇的。20 世纪 60 年代末 70 年代初，美国政府经过对战后国内经济增长的反思，确定了在经济增长和环境保护之间平衡发展的目标：抛弃过去"对于我们能够而且应该继续鼓励或允许我们的经济不受约束地发展的观点"，在今后的发展中应"在确保经济持续增长的同时更仔细地规划利用我们的资源，以实现我们的新价值"（Dasgupta，1974）。

一 第一代环境规制

在 20 世纪末至 21 世纪初，环境问题的治理被认为是管理具有外部不经济的纯公共物品，主要由政府承担。同时这一时期福利国家理论被民众普遍接受，使得清除环境问题主要由政府包办，并主要集中于微观层面的污染治理。20 世纪 60 年代以来随着人们对环境问题认识的深入，政府在环境保护方面发挥作用的范围更加广泛，政府可以通过干预经济活动纠正市场失灵；可以通过环境政策对环境损害进行预先控制；可以从整体对多方的环境保护进行协调；政府在培育市场机制等方面能发挥更强的基础作用。

20 世纪 60 年代末至 80 年代初，真正意义上的第一代环境规制基本形成，即政府通过对经济活动的干预与限制，维护环境质量。第一代环境规制的特点是，政府的环境保护责任由完全包办微观环境污染转向以发挥规制责任为主，责成或督促企业进行微观末端污染治理。主要的规制途径包括三个方面：一是国家成立大量环保机构，如 1974 年日本成立环境厅，作为最高环境行政管理机构；1986 年德国设立联邦环境部作为国家最高环境管理机构等。二是以修订宪法和制定环境保护基本法等立法形式明确环境保护是一项国家基本职能，例如 20 世纪 70 年代美国颁布《能源政策和节能法案》《国家节能政策法案》《国家家用电器节能法案》等以应对能源危机（约瑟夫·托梅因，2008）；1971 年德国颁布《环境规划方案》，这是德国第一部较为全面的环境法律（蓝燕、周国梅，2016）；韩国 1977 年制定《环境保护法》；日本 1967 年颁布《公害对策基本法》等（赵立祥，2007）。三是出台具体的以许可、审批和标准控制等为主要内容的规范标准制度，形成了命令—控制型规制工具体系。

二 第二代环境规制

20 世纪 70 年代，命令控制型环境规制工具的实施明显促进了环境的改善，但是其缺乏灵活性和巨大的成本问题日益凸显，而这一时期发达资本主义国家出现了经济"滞胀"的局面，将政府规制的有效性推向了风口浪尖：政府环境规制的收益是否大于规制成本，是否符合成本有效原则；政府干预是否一定优于市场机制对经济活动的调节作用。

一系列压力迫使政府对环境规制进行改革：一是精简行政规制程序，缩减规制成本，提高行政规制效率；二是将市场机制引入环境规制手段，由末端环境治理转向以预防为主，由点源控制扩大至面源控制，至 20 世纪 80 年代，改革后的环境规制形成第二代环境规制（李挚萍，2005），其最主要的特征是以环境税费和排污交易为主的经济规制手段作为命令控制型规制政策的重要补充，发挥重要作用，通过改变经济活动人的成本和收益结构，从源头上控制污染活动。尽管如此，命令控制型环境规制政策仍是大多数国家采用的主要环境规制政策。1987 年世界环境与发展委员会发表《我们共同的未来》，将环境治理由单纯的环境保护引导至更深的思考——环境保护与人类发展的结合，《我们共同的未来》成为这一时期环境规制的纲领性文件。

三　第三代环境规制

进入 20 世纪 90 年代，在环境规制实践中，更多的情况下，环境经济规制手段并不是像预想的那样有效，这在前文理论层面也做过分析，环境规制经济手段真正转化为经济激励需要相应的制度和产业配套政策予以支持，环境规制表现为更广泛的执行框架。

正如公共经济学所揭示的公共产品提供主体具有多元化的特点，可以由政府、社区、私人企业、公众、第三部门、国际组织等多方主体提供（黄恒学，2002）。1992 年联合国环境与发展大会通过的《21 世纪宣言》指出："……各国政府应考虑逐步积累经济手段和市场机制的经验……以建立经济手段、直接管制和自愿手段（自我管理）的有效组合"（经济合作与发展组织，1996）。政府在环境规制中的职能再次发生变化，由最初的作为全社会代表全权代表处理环境问题转变为主动寻求公众、社会、企业或产业的参与和支持，通过建立合作型伙伴关系，建立具有更强柔韧性和包容性的多主体环境规制框架，形成共同分担环境责任的机制，环境规制升级为第三代环境规制。

这一时期环境规制的重要特点是出现了以信息披露为特点的自愿和

合作型规制政策，以弥补传统环境规制中政府失灵与市场机制失灵问题。

1993 年欧洲发布《第五环境行动纲领》，认为"过去的手段以强调禁止性措施为特点，新的战略更多的依赖合作性措施。……工商界不仅是环境问题的主要生产者，也必须是环境问题的解决者。这个新方法提出加强与产业界的对话，鼓励在合适的情况下采用自愿协议和其他自我管制的方法"。

1995 年美国政府通过《重塑环境管制》的报告，进行环境管制改革，倡导采用市场型、合作型和自愿型环境规制手段，如在实行排污交易规制手段时，积极鼓励企业采取污染信息公开、自我改正等自愿措施，并将更多的环境规制权转移到州政府或社区等，实现环境责任的共同分担。

1998 年欧洲第四次环境保护部长会议通过的《奥胡斯公约》被认为是世界首个明确了环境事务中公众的知情权、参与权和诉诸司法权的公约，对世界各国公众参与环境事务立法具有深远影响。

2002 年欧洲委员会通过《"简化和改善环境管制"行动计划》，"鼓励在欧盟层面及各成员国采用协同管制、自我管制、自愿管制、公开协同、财政干预和信息运动等方法取得环境目标"。同时，随着人们知识素养和环境诉求的提升，公众在环境问题中参与度更高。

欧美发达国家的环境规制逐渐拓展公众的环境权益，包括公众的环境监督权、知情权、参与环境决策权、环境索赔权等；积极扩大公众的环境结社权，鼓励公众参与保护环境活动。随着人们对环境问题与经济增长关系认识的不断深入，现代环境规制的主旋律由最初的政府全权管控发展为政府、企业与公众的互动，管制手段、市场机制与公众参与机制相融合的框架结构。

第二节　中国环境规制发展阶段与特征

新中国成立至改革开放以前，中国处于国家建设的基本恢复期，强调重工业的发展，对环境问题的考虑相对较少，环保意识不足。1972 年联合国人类环境大会的召开对中国产生了重要影响。1972 年中国召开第一次全国环境保护会议，对环境问题进行探讨和研究；1973 年通过了最早的环保立法文件《关于保护和改善环境的若干规定》，提出统筹兼顾环境保护与经济发展；1974 年成立国务院环境保护领导小组（汪劲，2006）。然而这一时期人们对环境问题的认识存在偏差：认为污染问题的根源在于发达资本主义国家，与社会主义国家无关。

直至改革开放，国家层面才真正重视环境问题，并围绕环境与经济发展关系制定国家环境保护的大政方针，从顶层设计上把握环境治理的总方向；从最初的环境污染控制逐渐上升到现代化环境治理体系和治理能力建设。

表 4-1　　　　改革开放以来历届党代会关于环境治理的重要阐述

历届党代会	发展理念	重要部署
十二大（1982）	生态平衡	今后必须在坚持控制人口增长、坚决保护各种农业资源、保持生态平衡的同时，加强农业基本建设；实行科学种田，在有限的耕地上生产出更多的粮食和经济作物
十三大（1987）	生态保护	在推进经济建设的同时，要大力保护和合理利用各种自然资源，努力开展对环境污染的综合治理，加强生态环境保护，把经济效益、社会效益和环境效益很好地结合起来
十四大（1992）	环境保护是基本国策	认真执行控制人口增长和加强环境保护的基本国策，要增强全民族的环境意识，保护和合理利用土地、矿藏、森林、水等自然资源，努力改善生态环境
十五大（1997）	可持续发展战略	我国是一个人口众多、自然资源相对不足、经济基础和技术能力非常薄弱的国家，在现代化建设中必须实施可持续发展战略
十六大（2002）	可持续发展观	必须把可持续发展放在十分突出的地位，坚持计划生育、保护环境和保护资源的基本国策
十七大（2007）	科学发展观	坚持生产发展、生活富裕、生态良好的文明发展道路，建设资源节约型、环境友好型社会，实现速度和结构质量效益的统一、经济发展与人口资源环境相协调，使人民在良好的生态环境中生产生活，实现经济社会永续发展
十八大（2012）	生态文明	必须树立尊重自然、顺应自然、保护自然的生态文明理念，把生态文明建设放在突出地位，融入经济建设、政治建设、文化建设、社会建设各方面和全过程，努力建设美丽中国，实现中华民族永续发展
十九大（2017）	绿水青山就是金山银山	加快生态文明体制改革，建设美丽中国；必须坚持节约优先、保护优先、自然恢复为主的方针，形成节约资源和保护环境的空间格局、产业结构、生产方式、生活方式，还自然以宁静、和谐、美丽

资料参考：王鸿铭、黄云卿、杨光斌：《中国环境政治考察：从权威管控到有效治理》，《江汉论坛》2017 年第 3 期。

表 4-1 梳理了改革开放以来国家对于环境问题认知程度和解决环境与发展问题的重大举措。这些宏观层面的发展理念与指导方针，不断拓展环境规制的制定目标，引领着中国环境规制体系不断完善与发展。

综合来看，依据国家宏观发展背景，与世界环境规制演化相对应，中国环境规制发展大致分为三个阶段。

一　萌芽阶段（改革开放至 20 世纪 80 年代末 90 年代初期）

在这一时期，国家以经济建设为中心，并将环境保护看作与人口问题同等重要的国家基本国策，不断加强环境保护工作。1979 年《中华人民共和国环境保护法（试行）》明确了环境保护的对象和任务额，确定了环境保护基本方针和"谁污染、谁治理"的环境政策，并首次规定了环境影响评价制度，标志着中国环境规制工作的正式起步。据统计，20 世纪 80 年代制定了 12 部环境法律和 127 项地方法规（周宏春、季曦，2009）。

"三同时"制度是早期较为重要的环境规制形式，规定新扩改项目和技术改造项目的环保设施必须与主体工程同时设计、同时施工、同时投产使用。限期治理制度最早于 1973 年提出，1989 年《中华人民共和国环境保护法》实施，明确实施限期治理制度，以立法形式对限期治理的对象、范围、内容和处罚措施进行原则性规定；要求对产生环境问题的相关单位限期治理，否则采取关、停、并、转、迁等强制性行政处理（江柯，2016）。

20 世纪 80 年代中期，在水污染防治领域首次引入环境许可证制度，并在上海进行排放标准制度和总量控制制度试点，此后扩展至徐州、深圳、重庆等城市，并取得较好效果。1991 年，国家环境保护局将排放标准制度和总量控制制度试点由水污染防治扩大到空气污染管理，并在 16 个试点城市推行。然而这一时期有关环境许可证的相关政策规定仍较为零散，试点政策并未得到充分发展。

改革开放后，中国经济摆脱思想禁锢的束缚快速发展，环境污染问题也越发严重。政府开始建立并完善环境保护机构。国家环境保护最高机构由 1973 年成立的国务院临时机构发展为 1988 年的国务院直属单位——国家环境保护局（见表 4-2）。

这一阶段的环境规制偏重末端污染控制，工具形式主要是命令控制型法律法规或行政政策，法律法规的内容还比较薄弱、零散，缺乏具体的行为规范，可操作性不强。环境污染治理范围以点源治理为主；在规制结构上是统一监管与分级分部门规制相结合的环境规制体制。

表 4-2　　　　　21 世纪以前国家环境保护最高机构的变迁

单位名称	单位性质	隶属责任关系
国务院环境保护领导小组办公室（1973—1982）	国务院临时机构	国家计划委员会和城乡建设环境保护部
环境保护局（1982—1984）	部属专业局	城乡建设环境保护部
国家环境保护局（1984—1988）	国务院单列局	城乡建设环境保护部
国家环境保护局（1988—1998）	国务院直属局	国务院

二　发展阶段（20 世纪 90 年代初期至 21 世纪初期）

1992 年世界环境与发展大会提出的可持续发展思想深刻影响了中国经济发展战略和环境政策的发展方向。同年中国发布《中国环境与发展十大对策》宣布中国将实施可持续发展战略，并于 1994 年正式发布《中国 21 世纪议程》，作为实施可持续发展战略的纲领性文件。中国成为最早宣布实施可持续发展战略的发展中国家（张坤民，2004），并结合本国区域非均衡发展矛盾，提出"区域可持续发展"战略，单一的环境保护逐渐向区域协调发展延伸。这一时期围绕可持续发展理念，环境规制政策呈现以下特点：

（1）更多的环境规制工具得到应用和发展，尤其是市场激励型的规制工具作为命令控制型规制工具的重要补充，发挥了重要作用。1992 年中国开始环境认证工作，1993 年确立环境标志图形，1994 年正式成立环境标志产品认证委员会，作为环境认证工作的权威机构，1995 年推行 ISO14000 国际环境管理标准，环境认证制度体系基本建立。2003 年 1 月 1 日进一步推行清洁生产和全过程污染控制等。可交易许可证制度在这一时期进行试点。2002 年国务院批复的《两控区酸雨和二氧化硫污染防治"十五"计划》规定在两区实行二氧化硫总量控制和排污许可证制度，并试行二氧化硫排污可交易制度。2002 年国家环保局发布《关于二氧化硫排放总量控制及排污交易政策实施示范工作安排的通知》，在山东、山西、江苏、河南、上海、天津和柳州 7 省市开展"二氧化硫排放总量及排污交易试点"项目。

环境税作为庇古税在实践中的应用主要包括排污税费、使用者税费和产品税费。其中排污税费是中国最常用的经济激励型环境规制工具。2002 年国务院通过《排污费征收使用管理条例》，国家计委、国防科工委、国家科委和国家经贸委四委通过《排污费征收标准管理办法》，财政部、环保局公布《排污费资金收缴使用管理办法》进一步加大环境规制力度。

（2）由点源控制转向面源、区域控制。1996 年"九五"计划承认了总量控制制度的重要性，推动了环境许可制度的发展，为实行面源控制提供了规制基础。1996 年国家发布《"九五"期间全国主要污染物排放总量控制计划》重点推动 12 项主要污染物浓度排放标准和总量控制，包括 8 种水污染物、3 种空气污染物和 1 种固体废弃污染物。同年被重新修订的《中华人民共和国水污染防治法》增加了关于水污染物排放总量控制制度的具体条款。至此，总量控制制度以法律法规的形式被正式确立。1996—2005 年中国实施《跨世纪绿色工程规划》，重点治理"三河三湖"、"两控区"（二氧化硫污染控制区和酸雨控制区）、"一市"（北京）、"一海"（渤海）以及三峡库区及其上游、南水北调工程地区等（张坤民等，2007）。

三　创新突破阶段（2005 年至今）

这一阶段的环境规制政策由前面阶段的注重环境规制法律法规建设、机构建设、加强环境管理等转向突出环境与经济的协调和双赢。最初的环境保护意识逐渐发展为绿色发展价值观体系。"发展循环经济、绿色经济、低碳经济""建设资源节约型和环境友好型社会"逐渐成为与环境高度相关的研究热点。

2005 年 12 月，国务院先后通过《促进产业结构调整暂行规定》和《关于落实科学发展观加强环境保护的决定》，强调在发展中解决环境问题，将环境保护提升到更加重要的战略地位。环境规制导向由单一的保护环境、治理环境，转为改变增长方式、转型经济结构与加强环境保护并进，倡导节约、清洁、安全发展。

党的十八大报告将生态文明建设作为社会主义事业"五位一体"布局的重要组成部分，环境问题作为与经济发展并行的重大问题，上升为国家顶层战略，成为治国理政的重要组成部分。

2018年全国生态环境保护大会进一步阐述了党的十九大的生态文明思想："必须贯彻创新、协调、绿色、开放、共享的发展理念，加快形成节约资源和保护环境的空间格局、产业结构、生产方式、生活方式，给自然生态留下休养生息的时间和空间"，"生态文明建设同每个人息息相关，每个人都应该做践行者、推动者。必须加强生态文明宣传教育，推动形成简约适度、绿色低碳、文明健康的生活方式和消费模式，形成全社会共同参与的良好风尚"。

在新时代生态文明思想的指导下，中国环境规制政策发生了重要变化，归纳如下：

（1）首要变化是政府作为环境规制的制定者与监督者，逐渐由过去制定权威的管理理念转化为共同协商的服务理念，主动寻求政府、企业与公众参与的多元化环境规制结构，实现共同担负环境责任的机制，以实现环境与经济的协调发展为规制目标。

2006年中国施行《环境影响评价公众参与暂行办法》，2007年颁布《环境信息公开办法（试行）》，这些法律法规为公众参与环境治理提供了重要法律保障；极大调动了公众参与环境治理的积极性和主动性，维护了公众的环境权益。为了进一步保障公众对环境问题的知情权、参与权、表达权和监督权，构建以政府为主导、企业为主体、社会组织和公众共同参与的环境治理体系（赵立波，2018），2018年生态环境部印发《环境影响评价公众参与办法》，于2019年1月1日起实施。在实施内容上，进一步优化建设项目环评公参，解决公众参与主体不清、范围和定位不明、流于形式、弄虚作假、违法成本低、有效性受质疑等突出问题，增强其可操作性和有效性。

随着企业与社会力量参与环境治理，环境规制政策工具不断多元化（见表4-3）。其中，以排污权交易、绿色金融、环保税、生态补偿为重点的环境规制经济政策进入快速发展期，并取得重要成效（见

表4-4）。

表4-3　　　　　　　　　　　　**中国常用环境规制政策工具**

命令控制型工具	市场激励型工具	自愿行动	公众参与
污染物排放浓度控制	污染治理补贴	环境标志	公布环境状况公报
污染物排放总量控制	征收排污费	ISO14000 环境管理体系	公布环境统计公报
环境影响评价制度	超过标准处以罚款	清洁生产	公布河流重点断面水质
"三同时"制度	二氧化硫排放费	生态农业	公布大气环境质量指数
限期治理制度	二氧化硫排放总量控制及排污交易政策	生态示范区（县、市、省）	公布企业环保业绩试点
排污许可证制度	二氧化碳排放权交易	生态工业园	环境影响评价公众听证
污染物集中控制	对于节能产品的补贴	环境保护非政府组织	加强各级学校环境教育
城市环境综合整治定量考核制度	生态补偿费试点	环保模范城市、环境优美乡镇、环境友好企业等	中华环保世纪行
环境行政督察制度	扶持清洁生产的技术进步专项资金	绿色 GDP 核算试点	建立统一的生态文明信息平台，实现信息的公开与共享
实行河长制、生态问责制等	绿色金融	生态文明示范区	

　　资料来源：张坤民、温宗国、彭立颖：《当代中国的环境政策：形成、特点与评价》，《中国人口·资源与环境》2007 年第 2 期；赵玉民、朱方明、贺立龙：《环境规制的界定、分类与演进研究》，《中国人口·资源与环境》2009 年第 6 期。

表4-4　　　　　　　　　**中国主要环境规制经济政策的新发展**

规制形式	政策支撑	取得的成效
排污权有偿使用与交易试点	2014 年国务院印发《关于进一步推进排污权有偿使用和交易试点工作的指导意见》，在总体要求、建立排污权有偿使用制度、加快推进排污权交易、强化试点组织领导和服务保障方面给出了具体的指导意见。沿海地区的江苏、浙江、天津、广东、山东等省市在《意见》的指导下，开展试点工作	目前已基本建立了以有偿使用为核心的排污权交易市场，主要采用的形式包括排污权的政府出让（一级市场）和企业间排污权交易（二级市场）。从试点情况看，浙江和江苏已全面推开一级市场和二级市场

续表

规制形式	政策支撑	取得的成效
环保税启征	2015 年国务院发布《环境保护税法（征求意见稿）》，2016 年 12 月通过《环境保护税法》，并于 2018 年 1 月 1 日正式实施，用更加规范的环保税代替排污费，解决排污费刚性不足问题。为保证环保税顺利实施，2017 年 12 月发布《环境保护税法实施条例》和《关于发布计算污染物排放量的排污系数和物料衡算方法的公告》	目前，各省份制定和通过了应税大气污染物和水污染物环保税额标准和征收项目数。在沿海省份中，辽宁省按照环保税额标准最低限征收；天津、河北、上海、江苏、山东等地区税率较高。辽宁、上海设立了过渡期税额，河北、江苏分区域设置了不同的税额。各省均未增加同一排放口应税污染物项目数
绿色税收减免	2008 年 1 月 1 日起施行的新《企业所得税法》规定"对符合条件的环境保护所得和中国清洁发展机制基金取得的特定收入实施税收减免"。2017 年 9 月 6 日，国务院相关部门发布《关于印发节能节水和环境保护专用设备企业所得税优惠目录的通知》，对包含水污染防治设备、大气污染防治设备、土壤污染防治设备、固体废物处置设备、环境监测专用仪器仪表、噪声与振动控制六大类 24 项设备给予税收减免政策。同年 12 月发布《国家支持发展的重大技术装备和产品目录（2017 年修订）》规定，包括大型环保及资源综合利用设备等 17 类，涉及烟气脱硝成套设备、湿式电除尘器等大气污染治理设备、废水治理设备、资源综合利用设备等环保技术装备和产品，免征关税和进口环节增值税	有效减轻绿色环保企业使用大型环保设备的税收负担，促进了企业结构转型
绿色金融	2015 年《生态文明体制改革总体方案》首次提出建立绿色金融体系的顶层设计。2013 年"十三"五规划纲要明确提出"建立绿色金融体系，发展绿色信贷、绿色债券，设立绿色发展基金"。2016 年，绿色金融首次被引入 G20 峰会议题，形成《G20 绿色金融综合报告》，为全球经济进行绿色低碳转型提供新的发展思路和创新模式。2017 年 3 月 3 日，中国证监会发布《关于支持绿色债券发展的指导意见》，进一步明确绿色公司债券含义、绿色公司债券募集资金投向的绿色产业项目、重点支持的绿色公司债券发行主体、绿色公司债券的信息披露制度、鼓励绿色认证等内容。2017 年 7 月推动金融机构开展环境风险分析和改善环境数据可获得性的倡议写入《G20 汉堡行动计划》，并形成《2017 年 G20 绿色金融综合报告》，标志着以中国为主要倡议者的绿色金融国际影响力进一步增强	2017 年 6 月国务院常务会议决定在浙江、江西、广东、贵州、新疆 5 省（区）选择部分地方建设绿色金融改革创新试验区。其中，浙江全面部署绿色金融改革创新试验区建设；广州积极推进绿色金融战略谋划；此外，专项资金为绿色金融的发展提供了一定的资金支持。2017 年 11 月，浙江湖州明确了绿色金融改革创新试验区的建设工作，将每年安排绿色金融改革试验区专项资金 10 亿元，鼓励试验区绿色金融改革创新

续表

规制形式	政策支撑	取得的成效
环境污染第三方治理模式创新	2014 年国务院办公厅出台《关于推行环境污染第三方治理的意见》，2016 年《环境污染第三方治理合同（示范文本）》的发布，为有效开展环境污染第三方治理提供重要参考。2017 年 8 月环境保护部出台《关于推进环境污染第三方治理的实施意见》，同年 12 月国家发改委印发《关于印发环境污染第三方治理典型案例（第一批）的通知》，在全国范围内评选出 6 个典型案例，作为各省份的参考借鉴	目前第三方治理尚处于市场发展初期阶段。江苏和浙江建立的"环境医院"治理模式较为成功，有效地为企业环境治理提供专业化第三方服务
政府与社会资本合作模式（PPP）	2017 年国家先后出台《关于政府参与的污水、垃圾处理项目全面实施 PPP 模式的通知》《基础设施和公共服务领域政府和社会资本合作条例（征求意见稿）》和《关于鼓励民间资本参与政府和社会资本合作（PPP）项目的指导意见》，提出在生态建设和环境保护工作中全方位引入市场机制，极大调动了社会资本参与环境保护项目的积极性。	截至 2017 年 11 月，全国 PPP 项目中生态建设和环境保护项目占总项目数量的 7.13%，仅次于市政工程、交通运输，位居第三。其中综合治理类项目分别占生态建设和环境保护类落地项目总数和投资额的 84.2% 和 90%
实施绿色供应链标准化管理	2017 年，环境保护部发布《环境保护综合名录（2017 年版）》，对其中规定的"高污染、高环境风险"产品提出了取消/降低出口退税、禁止加工贸易、纳入环境污染强制保险范畴、实施差别化环境准入等政策建议。同时，实施绿色供应链标准化管理，倡导绿色生产与消费。2017 年 5 月国家出台首个绿色供应链标准——《绿色制造企业绿色供应链管理导则》。2017 年 10 月国务院出台《积极推进供应链创新与应用的指导意见》明确提出"积极倡导绿色供应链"，大力倡导绿色制造，推行绿色流通，建立逆向物流体系	东莞市被环境保护部批准为全国第一个绿色供应链试点示范城市，选择在重点产业进行试点突破，以点带面逐步推广推动绿色转型，实现环境与经济双赢，对促进广东其他地区推广绿色供应链起到了良好的作用
市场化、多元化生态补偿制度	2016 年 4 月，国务院办公厅印发《关于健全生态保护补偿机制的意见》，提出完善重点生态区域补偿机制、推进横向生态保护补偿。2016 年 12 月，国家出台《关于加快建立流域上下游横向生态保护补偿机制的指导意见》，明确了流域上下游横向生态补偿的指导思想、基本原则和工作目标。2017 年 10 月，党的十九大报告提出要"建立市场化、多元化生态补偿机制"	随着一系列政策的密集落地，国家生态补偿制度框架已经构建，发展路线图也已基本明确

资料来源：据《环境经济政策年度报告 2016》《环境经济政策年度报告 2017》整理所得。

（2）有关环境治理的法律框架进一步完善，尤其是在法律责任、公众参与和监督机制方面取得重大进步。

2014年《环境保护法》被重新修订，加强了对污染防治的具体要求和重要责任，是中国环境法律体系的重大改变。新修订的《环境保护法》明确了对政府各级部门的责任追究，并对违规排污、被责令改正而拒不改正的违法者规定了明确的处罚措施，增强了执法力度和有效性。同时明确规定了环境信息公开和公众参与，以立法的形式保障公众的环境信息权利，如要求环境部门公开环境数据、监管信息和合规记录；规定编制环境影响报告书应该纳入公众参与，并且报告书应该向公众公布；规定排放单位公开污染物排放情况，对于违反信息公开规定的，责令公开并处以罚款等。

面对日益严峻的大气污染问题，2017年全国人大常委会以改善大气质量、强化地方政府责任，加强地方政府监督为目标，重新修订《大气污染防治法》，将修订前的7章66条拓展到修订后的8章129条，尤其是在以下方面做了重要修订，极大地增加了该法律的执行效力。一是强化总量控制责任，将总量控制和排污许可由最初的"两控区"拓展至全国范围，明确分配总量指标，对超总量和未完成达标任务的地区实行区域限批，并直接约谈主要负责人；规定各级政府对本区域大气质量负责，并由国务院环保主管部门会同国务院有关部门对大气治理改善目标、大气污染防治重点任务完成情况进行考核。二是加强控车减煤源头治理，尤其是对燃油质量标准做了明确规定，应当符合国家大气污染物控制要求，强调运用经济措施进行大气污染治理。三是取消了对违规单位"最高不超50万元"的处罚上限，变为按污染事故造成的直接损失的倍数计罚，并增加"按日计罚"的规定，提高了法律的操作性和针对性。四是通过多种手段推动环境信息公开，规定环保主管部门以及负有大气环保监管职责的部门公布举报电话和电子邮箱，并及时处理举报信息，对查证属实的予以奖励，并规定定期公布重点排污单位名录，大气质量标准和大气污染物排放标准必须供公众免费查阅，保障了公众的知情权与监督权。

2018年1月1日新修订的《水污染防治法》正式实施，在河长制、农业农村水污染防治、饮用水保护、环保监测等方面做了重大修改。其中，总量控制制度和排污许可制度被作为水污染防治的重要内容做了重新修正，进一步明确了排放水污染物的种类、浓度、总量和排放去向等具体内容。

（3）围绕蓝天保卫战、清水行动、净土行动等，开启新一轮污染防治攻坚战。

2013 年国务院发布《大气污染防治行动计划》（即"大气十条"），力争用五年或更长时间逐步消除重污染天气，重点进行以细颗粒物（PM2.5）为重点的大气污染防治，改善空气质量。这一计划成为过去五年中国影响力最大的环境规制政策。据环境保护部监测数据显示，2017 年全国地级及以上城市 PM10 平均浓度比 2013 年下降 22.7%；京津冀、长三角、珠三角等重点区域 PM2.5 平均浓度分别比 2013 年下降 39.6%、34.3%、27.7%；北京市 PM2.5 年均浓度降至 58 微克/立方米。"大气十条"的空气质量改善目标全面完成。

但是，目前中国没有城市达到世界卫生组织（WHO）推荐的 PM2.5 年均浓度安全标准（10 微克/立方米）；到 2017 年年底，全国仅有三分之一的地级或以上城市达到 WHO 过渡期标准（35 微克/立方米）。

为了巩固已取得成果，打赢蓝天保卫战，2018 年 8 月国务院发布《打赢蓝天保卫战三年行动计划》（简称《三年行动计划》），对未来三年大气治理做了重要部署。《三年行动计划》延续"大气十条"以颗粒物浓度减低为主要目标改善空气质量，扩大了颗粒物浓度控制范围；同时坚持源头防治，提出了更加具体细化的措施促进能源结构、产业结构和运输结构的转型。同时《三年行动计划》强调了对可预见的臭氧污染的控制计划，规定 2020 年 VOCs 排放总量较 2015 年下降 10%以上，氮氧化物下降 15%以上，这标志中国大气治理政策的进步与完善。《三年行动计划》的发布将引导中国大气环境规制进入新的稳步发展阶段。

继"大气十条"，2015 年 4 月国务院发布《水污染防治行动计划》（即"水十条"），作为水污染治理的行动纲领。2016 年国务院发布《土壤污染防治行动计划》（即"土十条"），全面指导土壤污染的规制工作。2018 年 8 月《土壤环境质量 农用地土壤污染风险管控标准（试行）》和《土壤环境质量 建设用地土壤污染风险管控标准（试行）》出台并实施，为农用地的分类管理和建设用地准入提供了具体的依据标准，为全面实施"土十条"提供技术支撑，确保土壤环境质量的提高。

（4）环境规制体系改革的新变化。长期以来，政府层面环境治理职能的碎片化（冉冉，2015）交叉与重叠现象以及垂直监管不足等大大降低了环境治理效力，甚至陷入"高度重视、低度成效"的环保悖论（李侃如，2010）。

为了增强环境治理最高机构协调环境保护事务的能力和话语权，更好的整合环境治理资源，2008 年国家环境保护总局升格为环境保护部，成为国务院组成部门。2018 年党的十九届三中全会根据新时代加强生态环境保护、提升生态文明、建设美丽中国的新要求，通过《深化党和国家机构改革方案》，将环境保护部的职责，国家发展和改革委员会的应对气候变化和减排职责，国土资源部的监督防止地下水污染职责，水利部的编制水功能区划、排污口设置管理、流域水环境保护职责，农业部的监督指导农业面源污染治理职责，国家海洋局的海洋环境保护职责，国务院南水北调工程建设委员会办公室的南水北调工程项目区环境保护职责整合，不再保留环境保护部，组建新的生态环境部，统筹污染防治和生态保护职能，实现了地上与地下、岸上与水里、陆地与海洋、城市与农村、大气污染防治与气候变化应对五个方面的"打通"（缪宏，2018）。

国家在提升环境规制执行效率方面也出台了重要的指导性政策。2016 年《关于省以下环保机构监测监察执法垂直管理制度改革试点工作指导意见》出台并实施，开启了包括环境监测机构在内的垂直管理制度改革试点工作，通过调整地方环保管理体制，强化了地方尤其是基层环境保护责任，有助于克服多头管理的无效率现象，增强了环境规制政策的执行能力。《深化党和国家机构改革方案》也明确规定整合环境保护、国土、农业、水利、海洋等部门相关污染防治和生态保护执法职责、队伍，组建生态环境保护综合执法队伍，统筹配置执法资源，为提高环境规制效率提供了重要保障。

　　上述环境规制机构体系的调整标志着中国环境规制体系的深刻变革和巨大进步。

第三节　中国海洋环境规制发展特征

　　海洋经济活动是基于海洋资源与环境所进行的生产经营活动。海洋环境资源具有公共物品属性，所产生的海滨风光、海洋环境生态服务以及环境污染问题均具有不可分性、非竞争性和非排他性。当海洋环境资源开发强度超过自身承载能力，海洋环境资源将出现竞争性特点，由"取之不竭、用之不尽"的公共物品转变为稀缺资源。海洋环境的这些属性使其产生负外部性和市场失灵，客观上在海洋经济发展过程中需要社会性规制对其开发和使用进行约束与规范。

　　中国环境规制政策工具也被广泛应用于海洋环境领域。早在 1974年，国家已经开始关注海洋环境污染问题，并出台《中华人民共和国防止沿海水域污染暂行条例》。据统计，自 1979 年以来，国家出台的与海洋环境保护相关的法律法规等政策文件有 161 项，其中许多政策经过多次修订，目前已经形成了相对完整独立海洋环境规制政策体系。

一　相关的法律法规

　　1983 年 3 月 1 日《中华人民共和国海洋环境保护法》正式实施，成为海洋环境治理的基础法律，此后在 1999 年进行修订，引入总量控制，经过 2013 年和 2016 年两次修正，2017 年进行第三次修正，将生态保护红线和海洋生态补偿制度确定为海洋环境保护的基本制度，明确规定"一切用海和审批行为，必须严格遵守生态保护红线"、沿海地方各级政府共同承担保护和科学合理地使用海域的责任。围绕这一基本法律，国务院出台了一系列海洋环境保护法规条例，如《中华人民共和国防止船舶污染海域管理条例》《中华人民共和国海洋石油勘探开发环境保护管理条例》《中华人民共和国海洋倾废管理条例》《防止拆船污染环境管理条例》《中华人民共和国防治海岸工程建设项目污染损害海洋环境管理条例》《中华人民共和国海域使用管理法》《海洋行政处罚实施办法》等。这些法律法规的出台为地方政府有效实施海洋环境规制提供了具体的法律依据和规制技术标准。

二　海洋环境规制工具形式

海洋环境规制工具分为命令控制型、市场激励型、公众参与和信息公开型等多种类型。许阳等（2016）对海洋环境规制工具进行详细分析发现，海洋环境规制相关政策工具中，命令控制型工具占比59.2%，公众参和信息公开工具形式占比26.4%，市场激励型工具仅占14.4%。在市场激励型工具中主要以罚款和环境税费（占12.4%）为主，补贴与排污交易型规制形式仅占2%；公众参与和信息公开工具形式中主要以信息公布、监测评价、生态建设为主，占比17.9%，公众与社会参与形式不足。虽然海洋环境规制工具形式呈现多样化，但目前仍然以权威式命令控制规制工具为主导；信息公开程度虽然不断提高，公众和社会参与环境治理能力依然不足；市场激励型工具形式较为单一，主要表现为处罚和排污收费。表4-5列出了海洋环境规制中常用的市场激励型工具。

表 4-5　　　　　　　　海洋环境规制中常用的市场激励型工具

具体形式	相关法律法规
海域使用金	《海域管理法》规定"海域所有权归属国家，申请海域使用权的单位和个人必须缴纳海域使用金"
海洋工程排污费、海洋排污收费制度、绿色税收（环保税）	2003年《海洋工程排污费征收标准实施办法》确定了我国海洋工程排污收费的制度和标准。2016年颁布的《环境保护税法》规定现行排污费更名为环境保护税，至此实施了三十多年的排污费开始被环保税取代。2017年修订的《海洋环境保护法》明确规定："直接向海洋排放污染物的单位和个人，必须按照国家规定缴纳排污费。依照法律法规缴纳环境保护税的，不再缴纳排污费。"2018年发布的《关于停征排污费等行政事业性收费有关事项的通知》规定自2018年1月1日起，在全国范围内统一停征排污费和海洋工程污水排污费
海洋倾废收费制度	2008年《废弃物海洋倾倒费收费标准》的实施，标志着海洋倾废收费制度的完善。2017年修订的《海洋环境保护法》重申："向海洋倾倒废弃物，必须按照国家规定缴纳倾倒费"，作为实施海洋倾废收费制度的立法基础

具体形式	相关法律法规
海洋生态补偿制度	海洋生态补偿仍以沿海地方试点为主，2016 年 3 月 1 日山东省实施《山东省海洋生态补偿管理办法》，明确规定了海洋生态补偿的概念、范围、评估标准、核定方式、征缴使用等，成为全国首个海洋生态补偿管理规范性文件。2016 年 5 月国务院发布《关于健全生态保护补偿机制意见》明确了海洋领域生态补偿的主要内容包括"完善捕捞渔民转产转业补助政策，提高转产转业补助标准；继续执行海洋伏季休渔渔民低保制度；健全增殖放流和水产养殖生态环境修复补助政策；研究建立国家级海洋自然保护区、海洋特别保护区生态保护补偿制度"。2017 年修订的《海洋环境保护法》第六十六条规定，国家完善并实施船舶油污损害民事责任制度；按照船舶油污损害赔偿责任由船东和货主共同承担风险的原则，建立船舶油污保险、油污损害赔偿基金制度。第八十九条第二款规定：对破坏海洋生态、海洋水产资源、海洋保护区，给国家造成重大损失的，由依照本法规定行使海洋环境监督管理权的部门代表国家对责任者提出损害赔偿要求

资料来源：《环境经济政策年度报告 2016》《环境经济政策年度报告 2017》。

三　海洋环境规制整体性治理导向

由于海洋环境资源开发的复杂性，分属不同职能部门。《海洋环境保护法》对中国海洋环境管理部门的职能权限做了清晰界定。其中，生态环境部对全国海洋环境保护工作实施指导、协调和监督，进行统一监管。海洋环境规制呈现出明显的多部门协同规制、整体性治理的特点。

党的十九大报告提出坚决打赢污染防治攻坚战的重要部署，为海洋环境规制发展指明了方向——多元化、整体性、协同发展：以实现海洋环境质量的整体改善为根本，实行最严格的生态环境保护制度，实现"水清、岸绿、滩净、湾美、物丰"的美丽海洋目标。2018 年 2 月国家海洋局印发了《全国海洋生态环境保护规划（2017—2020 年）》作为环境治理的指导性文件，明确了海洋环境规制发展的基本原则：一是加强源头控制，通过建立绿色低碳循环发展的经济体系和绿色技术创新体系，促进海洋经济的绿色发展；二是以海洋资源环境承载能力作为沿海地区经济社会发展的根本依据和刚性约束；三是坚持环境污染治理与生态环境修复并举；四是健全完善环境规制的法律法规体系，坚持依法治海；五是聚力兴海，构建以政府为主导、企业为重点、社会组织和公众共同参与的多元化环境规制结构。

第四节　本章小结

通过对国内外环境规制形成发展的背景、阶段、特征与模式的梳理，可以清晰地看出，中国环境规制发展经历了由环境污染问题驱动，绿色价值观引领的螺旋式上升过程。

（1）随着经济的发展，最初的点源环境问题逐渐发展成为区域问题，伴随全球化资源配置与流动，迅速转变为全球环境问题。进而最初的单纯治理环境污染的环保意识发展为环境与经济的统一——绿色发展价值观的形成。与这些变化相对应的环境规制领域不断扩大，由末端治理、生产源头控制发展为生产全过程控制和生产模式与组织形式的创新，规制手段包容性更强，发展为命令控制型、市场激励型、公众参与和信息公开型等多种形式的规制体系，并且组织形式灵活多变。

（2）随着人们生活水平的提高，对于生态环境安全的需求在环境规制体系发展中得以具体反映。尤其是创新发展阶段，环境规制的目标导向趋向综合化：生产发展、生活富裕和环境优美。在发展阶段，"区域可持续发展"战略的提出是规制理念的重大飞跃，引导了低碳、循环制度框架的发展；创新突破阶段，"科学发展观""生态文明建设""创新、协调、绿色、开放、共享"等理念的提出，推动了环境保护价值观的升华，环境污染和经济发展统一于绿色发展。绿色发展观明确了环境规制创新发展的方向。

（3）中国环境规制体系具有明显的自上而下的规制特征，命令控制型环境规制政策起到重要的导向引领作用，尽管具有较大规制成本，但可以在短时间内有效把控规制方向，快速推动环境规制改革，尤其是在促进经济增长方式转型、经济结构调整的攻坚期。同时在充分发挥市场机制决定性作用的经济体系中，不能忽视市场激励型规制工具的辅助作用。但由于绿色技术和制度方面的限制，在某些情况下，市场激励型规制工具并不那么有效，甚至会产生无效率。公众参与和信息公开型规制工具是目前的短板，政策制度较为薄弱，处于实践摸索阶段。本书后面实证部分的样本期对应了环境规制的创新突破阶段，因此规制形式表现为多元化，有必要对环境规制类型进行区分。由于公众参与和信息公开型规制发展较晚，指标量化难度较大且数据连续性不强，所以主要选择命令控制型和市场激励型规制指标进行实证研究。

第五章 环境规制对海洋经济技术效率的影响

随着中国经济进入结构深度调整，经济增长的衡量标准逐渐由规模速度向质量效率转变。本章拟从海洋经济技术效率出发，利用2006—2015年沿海省份面板数据，研究环境规制对海洋经济技术效率的静态与动态影响，分析环境规制作用海洋经济技术效率的空间机制特征。

通过前面章节文献综述和理论基础分析，本章拟进一步拓展的研究包括以下几方面：

（1）数据包络分析法不需要设定生产函数，也无需对非效率项做分布假定，但将随机误差、测量误差一并归于技术非效率，会产生有偏的评估结果。Kumbhakar、Lien 和 Hardaker（2014）、Colombi 等（2014）构建了包括四个组成部分的随机前沿模型，不仅能控制随机个体效应、随机误差，还能区分持久技术非效率和时变技术非效率，这样测得的技术效率更具合理性。沿海省份间存在区域异质性，能否把区域个体效应、随机误差从技术效率中分离出，对于获得合理技术效率值更为关键，因此，本章在研究方法上采用四组分随机前沿模型进行研究。

（2）因为不同环境规制政策在规制效率、规制成本、企业偏好、规制者偏好、监督与惩罚、适用范围等方面都有差别，环境规制对于污染减轻和技术创新的效应具有异质性。与传统命令控制型规制形式相比，市场激励型环境规制工具被认为在成本效率、技术创新以及能源节约技术的宣传等方面更优，但是市场型规制形式不单单取决于好的规制政策，更受限于完善的市场机制、污染特征、空间因素、监督能力等多方面，因此命令控制型规制也是必不可少的。在指标选择上，本章选用环境规制代理变量，分为污染控制型（沿海地区工业污染治理投资）和污染预防型（沿海地区排污费收入）。

（3）构建动态空间杜宾模型，分析海洋经济技术效率影响因素，研究环境规制对海洋经济技术效率的时空动态影响。

（4）研究领域聚焦于海洋经济领域。海洋经济是区域经济的重要组成部分，对生态环境更具敏感性。

第一节　海洋经济技术效率的测算

一　模型设定与评估方法

在相关文献常用的随机前沿中主要有以下类型，一是假定效率项呈断尾半正态分布，外生要素影响效率的均值，从而影响效率的分布呈现异质性分布（Kumbhakar、Ghosh and Mcguckin，1991；Battese and Coelli，1995），二是假定效率分布是半正态分布，外生要素仅影响方差（Caudill and Ford，1993；Caudill、Ford and Gropper，1995；Hadri，1999）；Wang（2002）综合了前两种的研究方法，设置了更为灵活的异方差形式，即外生要素既影响均值也影响方差。Greene（2005a、2005b）、Wang 和 Ho（2010）则进一步将不随时间改变的个体异质性从非效率项中分离出来，利用随机前沿一步法解决内生性和异方差性，测定非效率项的异质性。但是上述一步法中随机前沿的无效率项都是有偏的，仅考虑不变时非效率造成效率评估值偏高；仅考虑变时非效率，而忽略个体效应，效率评估值偏低；考虑个体效应，忽略持久无效率，同样使效率评估值偏高。Kumbhakar、Lien 和 Hardaker（2014）构建了包括四个组成部分的随机前沿模型，对非效率项的分解更加细化，效率评估更加合理。同时由于环境规制对效率项的影响呈现滞后及非线性的复杂影响，因此，本书选用随机前沿两步法，首先用四组分随机前沿模型评估效率值，然后构建效率项与环境规制的空间回归模型。

四组分随机前沿模型形式如下：

$$y_{it} = \alpha_0 + f(x_{it};\ \beta) + \mu_i + v_{it} - \eta_i - u_{it} \qquad (5.1)$$

模型（5.1）中 u_i 为不可观测的个体异质效应，v_{it} 为白噪声。技术非效率项分解为不变时技术非效率 η_i 和时变技术非效率 u_{it}，$\eta_i > 0$，$u_{it} > 0$。四个组成部分可以以不同的组合形式出现在模型中，并不需要同时出现在一个模型中。

该模型克服了早期模型的诸多限制。Battese 和 Coelli（1995）仅考虑了时变非效率，忽略了不可观测个体异质性，将这种异质性解释为技术非效率，非效率评估结果偏高。尽管有些模型如 Greene（2005a，2005b）、Kumbhakar 和 Wang（2005）、Wang 和 Ho（2010）、Chen 等（2014）等将误差项分解为时变非效率项、表征潜在异质性的个体随机或固定效应、白噪声三项，然而却将个体的长期非效率项等同于不可观测的个体异质性，技术非效率评估结果偏低。因为考虑到技术进步是否为中性、规模报酬的变化等因素，本书将生产函数 $f(x_{it}; \beta)$ 设定为超越对数函数，同时加入时间趋势项，模型（5.1）进一步改写为：

$$\ln y_{it} = \alpha_0 + \sum_j \beta_j \ln x_j + \frac{1}{2} \sum_j \sum_k \beta_{jk} \ln x_j \ln x_k + \beta_t t + \frac{1}{2} \beta_{tt} t^2 +$$

$$\sum_j \beta_{jt} \ln x_j t + \mu_i + v_{it} - \eta_i - u_{it} \beta_{jk} = \beta_{kj} \qquad (5.2)$$

为了方便评估，对模型（5.2）作如下转换：

$$y_{it} = \alpha_0^* + \sum_j \beta_j \ln x_j + \frac{1}{2} \sum_j \sum_k \beta_{jk} ln x_j x_k + \beta_t t + \frac{1}{2} \beta_{tt} t^2 +$$

$$\sum_j \beta_{jt} \ln x_j t + \alpha_i + \varepsilon_{it} \qquad (5.3)$$

其中，$\alpha_0^* = \alpha_0 - E(\eta_i) - E(u_{it})$，$\alpha_i = \mu_i - \eta_i + E(\eta_I)$，$\varepsilon_{it} = v_{it} - u_{it} + E(u_{it})$，$\alpha_i$ 和 ε_{it} 均满足零均值和常数方差。模型（5.3）可以分三步进行评估：

第一步，对模型（5.3）进行随机效应面板回归，评估 $\hat{\beta}$，得出 α_i 和 ε_{it} 预测值，分别记为 $\hat{\alpha_i}$、$\hat{\varepsilon_{it}}$。

第二步，利用（5.4）式评估时变技术非效率 u_{it}。

$$\varepsilon_{it} = v_{it} - u_{it} + E(u_{it}) \qquad (5.4)$$

其中 v_{it} 独立同分布，并服从 $N(0, \sigma_v^2)$，u_{it} 服从 $N^+(0, \sigma_u^2)$，可以得到 $E(u_{it}) = (\sqrt{2/\pi} \sigma_u)$，忽略 $\hat{\varepsilon_{it}}$ 与 ε_{it} 的差异，利用随机前沿技术对（5.4）式进行评估，得到时变技术非效率 u_{it} 的预测值 $\hat{u_{it}}$ [技术非效率按照 Jondrow 等（1982）方法计算]，或者是时变技术效率 [技术效率按照 Battese 和 Coelli（1988）方法计算] RTE $= \exp(-u_{it} | \varepsilon_{it})$。

第二步，利用（5.5）式，评估不变时技术非效率项 η_i。

$$\alpha_i = \mu_i - \eta_i + E(\eta_I) \tag{5.5}$$

其中 μ_i 独立同分布，并服从 $N(0, \sigma_\mu^2)$，η_i 服从 $N^+(0, \sigma_\eta^2)$，可以得到 $E(\eta_i) = (\sqrt{2/\pi}\,\sigma_\eta)$，评估后得到不变时技术非效率 η_i，不变时技术效率 $PTE = \exp(-\eta_i)$。通过（5.6）式计算总效率 OTE：

$$OTE = PTE \times RTE \tag{5.6}$$

二　变量选取与数据说明

本书原始数据为 2006—2015 年沿海 11 个省份的面板数据，主要来源是《中国海洋统计年鉴》和《中国统计年鉴》。相关数据作如下说明：

（1）被解释变量采用各沿海省份海洋经济生产总值，均按 2006 年价格折算，数据来源于《中国海洋统计年鉴》，GOP 平减指数来源于历年《中国统计年鉴》。

（2）随机生产前沿模型中投入要素固定资本存量 k_{it} 由永续盘存法计算可得：$k_{it} = k_{i,t-1}(1-\delta) + \Delta k_{it}$，其中 Δk_{it} 为历年沿海地区海洋经济固定资产投资，参考纪玉俊等（2016）的计算方法 $\Delta k_{it} = W' \Delta K_{it}$，$\Delta K_{it}$ 为沿海地区固定资产投资，来源于历年《中国统计年鉴》，W' 为各区域海洋 GOP 占区域经济 GDP 比重。Δk_{it} 利用固定资产价格指数平减；δ 为固定资产折旧率，参照 Wu（2003），折旧率选择 7%。基期固定资本存量参照 Young（2000）的计算方法：$k_{i1} = \Delta k_{i1}/(g_k + \delta)$，$g_k$ 为固定资产投资的平均增长率。

（3）随机生产前沿模型另一投入要素劳动力存量 l_{it} 为历年沿海省份涉海就业人数，来源于《中国海洋统计年鉴》。

三　测算结果分析

模型中变量的原始值均取对数形式，变量信息见表 5-1。所有变量信息利用软件 stata13.0，建立随机前沿模型。本书主要利用 Kumbhakar、Lien 和 Hardaker（2014）建立的四组分随机效率模型（以下简称 klh）测算海洋经济技术效率，为了便于结果的比较分析，同时分别测算 Pitt 和 Lee（1981）不变时模型（简称 pl）、Battese Coelli

（1995）（简称 bc）可变时模型技术效率值，效率评估值见表 5-2。

表 5-1　　　　　　　海洋经济技术效率评估主要变量统计信息

变量	均值	标准差	最小值	p50	最大值
lny	8.420	1.080	5.710	8.530	10.43
lnk	8.830	1.070	5.850	8.990	10.80
lnl	5.490	0.670	4.400	5.320	6.760

表 5-2　　　　　　2006—2015 年中国海洋经济技术效率评估结果

类别	样本数	均值	标准差	最小值	最大值
区域	110	6.0000	3.1768	1.0000	11.0000
随机技术效率（klh）	110	0.9345	0.0299	0.7743	0.9774
持久技术效率（klh）	110	0.8353	0.0900	0.6490	0.9457
技术效率（klh）	110	0.7808	0.0893	0.5314	0.9182
技术效率（pl）	110	0.8126	0.1462	0.5349	0.9743
技术非效率（pl）	110	0.2264	0.2001	0.0263	0.6261
技术效率（bc）	110	0.6532	0.1548	0.3607	0.9643
技术非效率（bc）	110	0.6040	0.2827	0.0673	1.0203

　　注：表中技术效率（klh）即通过 Kumbhakar、Lien 和 Hardaker（2014）模型测算的总技术效率。

　　表 5-2 中，技术效率（pl）值为 0.8126，大于技术效率（klh）评估值，因为 pl 模型仅考虑不变时非效率，随机非效率被归为随机误差项，因此评估的技术非效率偏低，技术效率值偏高。技术效率（bc）评估值为 0.6532，小于技术效率评估值（klh），因为 bc 模型没有将不可观测的、与技术非效率无关的个体异质性与技术非效率项区分，使得技术非效率评估值偏高，技术效率评估值偏低。相比较，klh 模型测得的效率评估值 0.7808 更加合理，即中国海洋经济平均技术效率为 78.08%，效率损失 21.92%。

　　利用核密度函数测得三种效率模型评估结果的分布情况（见图 5-1）。由图 5-1 中持久技术效率与随机技术效率的核密度分布可以看出，在海洋经济发展过程中，与随机技术效率相比，持久技术效率对总技术效率产生更重要的影响。尤其是对于技术效率偏低的区域，持久技术非

效率因素影响更大。持久非效率因素主要反映不随时间变化的区域管理
类投入要素的影响，只有区域经济规划或政府规制等发生变化时，持久
技术非效率才发生变化。政府长期大规模的支持与投入是产生持久非效
率的重要原因，进行结构调整，转换更有生产效率的生产活动是降低持
久技术非效率的重要途径。从这一角度分析，海洋经济发展具有高风
险、高投入和高成本的特点，通常以国家投资为主，在长期追求量的扩
张的同时，环境问题、经济发展瓶颈凸显，严重影响了技术效率的
提高。

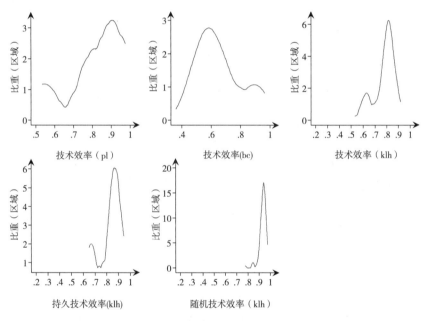

图 5-1　2006—2015 年中国海洋经济技术效率核密度分布

图 5-2 显示了技术效率评估值中位数和四分位数随时间变化的变动
趋势。图 5-2 中左图是模型 bc 的效率评估值变动情况，2006—2015 年
中位数、第一四分位、第三四分位数均呈现出明显的下降趋势。右图是
模型 klh，2015 年海洋经济技术效率评估值相对于 2006 年没有显著提
高，甚至有所下降，但是在 10 年的发展过程中却出现明显的波动。
2006—2008 年技术效率缓慢发展，2009—2011 年迅速增长。2011 年开
始快速降低，尤其是技术效率偏低地区，技术效率降低持续时间较长，
直到 2014 年才开始有所上升；技术效率相对较高的地区，技术效率降

低持续时间较短,如第一四分位数大约在 2012 年技术效率呈现平缓回升,中位数则在 2013 年左右出现回升趋势。技术效率这种波动性趋势与中国海洋经济发展基本面相吻合。

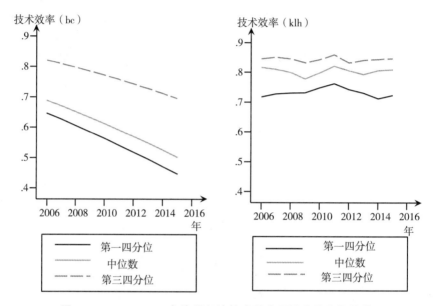

图 5-2　2006—2015 年海洋经济技术效率不同分位变化趋势

2006 年国家颁布《国家中长期科学技术发展规划纲要(2006—2020 年)》将海洋科技列为国家科技发展的五大战略领域之一,将海洋技术列为前沿技术,海洋科学被定位为基础研究中的重要内容。2008 年出台国家级专项规划《全国科技兴海规划纲要(2008—2015 年)》通过积极促进海洋科技成果转化和产业化,引导中国海洋经济发展模式从资源依赖型、数量增长型向技术带动、生态安全和产品质量安全型转变。这些规划纲要指导了海洋科技对海洋经济发展发挥重要支撑作用,极大地促进了海洋经济技术效率的增加。2010 年国家宏观经济呈现趋势性下滑,进入深度调整的"新常态",2011 年到 2013 年中国海洋生产总值年均增长 8.5%,相比"十一五"期间降低 7 个百分点,传统增长模式已不能支撑海洋经济的发展,技术效率显著下降。为了应对经济换挡,新旧动能转换,2012 年党的十八大提出建设生态文明、建设海洋强国,2013 年《国家海洋事业发展"十二五"规划》,对新时期海洋事业发展作了全面深入的部署,海洋科技从"十一五"以支撑海洋经济和海洋事业发展为主，转向驱动和引领海洋经济发展。沿海省份依据国家战略纷纷调整地区海洋规划，向形式更高级、分工更复杂，结构更先进的阶段发展，技术效率开始缓慢回升。

依据海洋经济技术效率评估值，将海洋经济技术效率划分为较高技术效率（ $0.84 \leqslant e < 1$ ）、中等技术效率（ $0.80 \leqslant e < 0.84$ ）、低技术效率（ $e<0.8$ ）三个区域等级。2006—2015 年 10 年海洋经济平均技术效率三个等级：第一区域等级：天津（0.88）、江苏（0.87）、山东（0.84）；第二区域等级：广西（0.82）、上海（0.81）、福建（0.80）、广东（0.80）；第三区域等级：海南（0.79）、浙江（0.73）、辽宁（0.61）、河北（0.63）。2015 年海洋经济技术效率三个区域等级，第一等级：天津（0.902）、江苏（0.869）、广西（0.847）、上海（0.845）；第二等级：山东（0.816）、福建（0.810）、广东（0.806）；第三等级：海南（0.775）、浙江（0.723）、河北（0.639）、辽宁（0.552）。图 5-3 则显示出时间维度上沿海 11 个省份海洋经济技术效率变化趋势。沿海 11 个省份 2006—2015 年海洋经济技术效率值及年均效率值详见附录。

天津、江苏海洋经济技术效率一直保持较高水平，且总体呈现上升趋势。上海市海洋经济技术效率增长较快，2015 年超出平均技术效率 3.5 个百分点，进入第一区域等级。山东省海洋经济技术效率表现出显著降低趋势，2015 年技术效率低于平均水平近 3 个百分点，进入第二等级区域。广东、福建始终保持中等海洋经济技术效率，技术效率徘徊在 0.8 左右，几乎处于停滞状态（见图 5-3）。广西海洋经济规模较小，但海洋经济技术效率较高，并呈现明显增长趋势，2015 年海洋经济技术效率水平超过上海，进入第一等级区域。浙江、海南海洋经济技术效率偏低，始终徘徊在 0.7 左右。河北、辽宁两省海洋经济技术效率最低，并且技术效率降低趋势明显（见图 5-3），尤其是辽宁 2015 年技术效率降低至 0.552。

上述时空分布特征与赵林等（2016）、苑清敏等（2016）、纪玉俊等（2016）的研究结果差异较大，海洋经济技术效率与海洋经济规模和海洋经济发展水平并不相符。海洋经济规模较大的省市技术效率并不是很高，如广东、山东海洋经济技术效率值处于中等水平，技术效率增

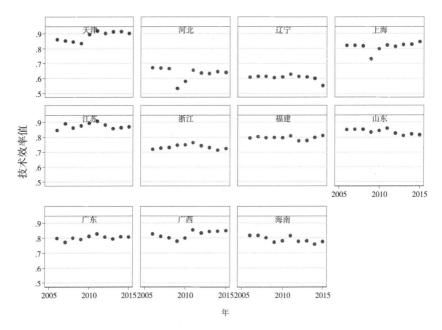

图 5-3　2006—2015 年 11 个沿海省份海洋经济技术效率变化趋势

长缓慢，甚至下降。海洋经济规模中等的天津、江苏，海洋经济技术效率却显示较高水平并保持持续增长能力。海洋经济规模较小的省份如广西，则具有较高的技术效率，且呈现增长势头。海洋经济活动中的规模经济没有有效促进技术效率的提升，在某些省市产生反向降低作用，这与李胜文（2010）、盖美（2016）、杜江（2016）研究结论基本一致。

　　海洋经济产出规模大的区域，资本和劳动力投入相对较大，而海洋经济产出规模较小的区域，生产要素投入相对较少。根据经济学理论，当生产要素投入较少时，虽然不能完全开发生产，但是生产要素的边际报酬是递增的，当生产要素投入过多时，生产要素出现边际报酬递减，效率降低。海洋经济活动过于集中的区域，海洋污染加重、海洋资源退化、海洋环境质量下降等环境问题突出，部分沿海省份出台严格的环境规制，以限制资源消耗和碳排放，在一定程度上影响了技术效率。因此对于传统海洋经济大省，规模经济已经越过拐点，产生了规模不经济，对技术效率起到反向作用。徐胜（2017）在研究中给出了相似的解释：河北、广东存在轻微规模报酬递减，天津和江苏海洋经济规模报酬增幅较大。当然，海洋经济技术效率最终由区域海洋经济生产能力和各种规制环境综合决定。

第二节　环境规制影响效应分析

一　模型的设定与评估方法

构建模型借鉴 Managi 等（2005）和 Lanoie 等（2008）模型的动态滞后效应，并假定环境污染控制和污染预防型投资是通过环境规制迫使企业产生的，是外生变量。同时，在现实经济活动中，不同区域污染物的不同排放情况可以产生海洋技术效率在空间上的相关性和溢出效应，而这种空间效应能够影响经济单元的生产率（Acemoglu，2009）。Areal 等（2012）通过研究发现样本单元的技术效率存在显著的空间交互作用。Julián Ramajo 等（2017）研究显示空间滞后变量对区域技术效率的影响呈现倒 U 形非线性关系。因此，考虑动态滞后影响和空间溢出效应，选择构建如下动态空间杜宾（dynSDM）模型：

$$Y_t = \tau\, Y_{t-1} + \delta W Y_t + \eta W Y_{t-1} + X_t \psi_1 + W X_t \psi_2 + Z_t \pi + \mu + \varepsilon_t$$

$$(5.7)$$

其中，Y_t 是 $N \times 1$ 的矢量，包含每一个空间区域（$i = 1，\cdots，N$）在样本时间 $t(t = 1，\cdots，T)$ 的因变量。X_t 是外生解释变量 $N \times K$ 阶矩阵，Z_t 是内生解释变量 $N \times L$ 矩阵。带有下标 $t-1$ 的矢量或矩阵表示时间滞后值，带有 W 的矢量或矩阵表示空间滞后值。$N \times N$ 阶的 W 矩阵表示非负空间权重矩阵，表示样本区域的空间作用关系。在随机效应中，$\mu \sim N(0，\sigma_\mu^2)$，在固定效应中，$\mu$ 表示待估的参数向量。ε_t 为误差项，$\varepsilon \sim N(0，\sigma_\varepsilon^2)$。特定区域的某个解释变量的变化不仅能够改变本区域因变量，也能够改变其他区域，第一种影响成为直接效应，第二种影响成为间接效应，也称为溢出效应。τ、δ、η 分别为因变量时间滞后 Y_{t-1}、因变量当期空间溢出 WY_t、因变量时空滞后 WY_{t-1} 的参数。$K \times 1$ 阶矢量 ψ_1、ψ_2 代表外生解释变量的参数，$L \times 1$ 阶矢量 π 代表内生解释变量的参数。通过对参数的限制，可以得到不同形式的动态空间模型：

当 $\tau = \eta = 0$，得到静态空间杜宾模型如下：

$$Y_t = \delta W Y_t + X_t \psi_1 + W X_t \psi_2 + Z_t \pi + \mu + \varepsilon_t \qquad (5.8)$$

当 $\tau = 0$，得到仅含有当期空间溢出效应和空间滞后效应的动态模型如下：

$$Y_t = \delta W Y_t + \eta W Y_{t-1} + X_t \psi_1 + W X_t \psi_2 + Z_t \pi + \mu + \varepsilon_t \qquad (5.9)$$

当 $\eta = 0$，得到仅含有当期空间溢出效应和长期滞后效应的动态模型如下：

$$Y_t = \tau Y_{t-1} + \delta W Y_t + X_t \psi_1 + W X_t \psi_2 + Z_t \pi + \mu + \varepsilon_t \qquad (5.10)$$

因此，通过对参数的限制可以得到平稳的动态模型形式。根据不同动态形式可以得到长期或短期直接效应或是间接效应（即空间溢出效应）见表5-3。

表5-3　　　　　　　　不同空间模型的直接效应和间接效应形式

模型类型	短期直接效应	短期间接效应	长期直接效应	长期间接效应
动态空间杜宾模型 (4.7)	$[(I - \delta W)^{-1}(\varphi_{1k} I_N + \varphi_{2k} W)]^{\overline{\overline{d}}}$	$[(I - \delta W)^{-1}(\varphi_{1k} I_N + \varphi_{2k} W)]^{\overline{rsum}}$	$\{[(1-\tau)I - (\delta + \eta)W]^{-1}(\varphi_{1k} I_N + \varphi_{2k} W)\}^{\overline{\overline{d}}}$	$\{[(1-\tau)I - (\delta + \eta)W]^{-1}(\varphi_{1k} I_N + \varphi_{2k} W)\}^{\overline{rsum}}$
$\tau = \eta = 0$ 模型 (4.8)	$[(I - \delta W)^{-1}(\varphi_{1k} I_N + \varphi_{2k} W)]^{\overline{\overline{d}}}$	$[(I - \delta W)^{-1}(\varphi_{1k} I_N + \varphi_{2k} W)]^{\overline{rsum}}$		
$\tau = 0$ 模型 (4.9)	$[(I - \delta W)^{-1}(\varphi_{1k} I_N + \varphi_{2k} W)]^{\overline{\overline{d}}}$	$[(I - \delta W)^{-1}(\varphi_{1k} I_N + \varphi_{2k} W)]^{\overline{rsum}}$	$\{[I - (\delta + \eta)W]^{-1}(\varphi_{1k} I_N + \varphi_{2k} W)\}^{\overline{\overline{d}}}$	$[(I - (\delta + \eta)W)^{-1}(\varphi_{1k} I_N + \varphi_{2k} W)]^{\overline{rsum}}$
$\eta = 0$ 模型 (4.10)	$[(I - \delta W)^{-1}(\varphi_{1k} I_N + \varphi_{2k} W)]^{\overline{\overline{d}}}$	$[(I - \delta W)^{-1}(\varphi_{1k} I_N + \varphi_{2k} W)]^{\overline{rsum}}$	$\{[(1-\tau)I - \delta W]^{-1}(\varphi_{1k} I_N + \varphi_{2k} W)\}^{\overline{\overline{d}}}$	$\{[(1-\tau)I - \delta W]^{-1}(\varphi_{1k} I_N + \varphi_{2k} W)\}^{\overline{rsum}}$

注：上标 $\overline{\overline{d}}$ 表示计算矩阵对角元素的均值，上标 $\overline{rsum}$ 表示计算矩阵非对角元素的行均值。

资料来源：据 J. Paul Elhorst, *Spatial Econometrics: From Cross - Sectional Data to Spatial Panels*, Springer Heidelberg New York Dordrecht London, 2014, p. 105 整理所得。

在本研究中，因变量选择技术效率 e，表示随机前沿模型估计的技术效率值。lnER1 和 lnER2 是环境规制代理变量作为外生解释变量，分别表示污染预防型环境规制强度和污染控制型环境规制强度的对数形式。选择三个内生解释变量分别为 Z1、Z2 和 Z3。W 为地理空间权重矩阵，反映不同地区之间空间相互关系。空间权重作为外生变量，评估中分别采用地理空间邻接矩阵和地理空间距离矩阵进行测算。空间邻接矩阵指地区间溢出效应发生在地理相邻的辖区之间。将与本地相邻地区作为影响对象，若相邻地区 i 和 j 有共同的边界，则 $W_{ij} = 1$，意味着地区 j 与地区 i 相邻，地区 i 与地区 j 具有空间相关性；否则 $W_{ij} = 0$。作为地理空间距离矩阵时，$W_{ij} = \dfrac{1}{d_{ij}}$，表示空间关系随距离的增加而递减，$d_{ij}$ 代表区域 i 与区域 j 之间的欧几里得距离。模型（5.7）、模型（5.8）、模型（5.9）、模型（5.10）可分别具体写作模型（5.7′）、模型（5.8′）、模型（5.9′）、模型（5.10′）。

$$e_{it} = \tau\, e_{t-1} + \eta \sum_{j=1}^{n} W_{ij}\, e_{jt-1} + \delta \sum_{j=1}^{n} W_{ij}\, e_{jt} + \varphi_{11} \ln ER1_{it} + \varphi_{12} \ln ER2_{it} +$$
$$\varphi_{21} \sum_{j=1}^{n} W_{ij} \ln ER1_{it} + \psi_{22} \sum_{j=1}^{n} W_{ij} \ln ER2_{it} + \pi_1 Z1_{it} + \pi_2 Z2_{it} + \pi_3 Z3_{it} + \mu_i + \varepsilon_{it}$$
$$(5.7')$$

$$e_{it} = \delta \sum_{j=1}^{n} W_{ij}\, e_{jt} + \varphi_{11} \ln ER1_{it} + \varphi_{12} \ln ER2_{it} + \varphi_{21} \sum_{j=1}^{n} W_{ij} \ln ER1_{it} + \psi_{22} \sum_{j=1}^{n}$$
$$W_{ij} \ln ER2_{it} + \pi_1 Z1_{it} + \pi_2 Z2_{it} + \pi_3 Z3_{it} + \mu_i + \varepsilon_{it} \qquad (5.8')$$

$$e_{it} = \eta \sum_{j=1}^{n} W_{ij}\, e_{jt-1} + \delta \sum_{j=1}^{n} W_{ij}\, e_{jt} + \varphi_{11} \ln ER1_{it} + \varphi_{12} \ln ER2_{it} + \varphi_{21} \sum_{j=1}^{n} W_{ij}$$
$$\ln ER1_{it} + \psi_{22} \sum_{j=1}^{n} W_{ij} \ln ER2_{it} + \pi_1 Z1_{it} + \pi_2 Z2_{it} + \pi_3 Z3_{it} + \mu_i + \varepsilon_{it}$$
$$(5.9')$$

$$e_{it} = \tau\, e_{t-1} + \delta \sum_{j=1}^{n} W_{ij}\, e_{jt} + \varphi_{11} \ln ER1_{it} + \varphi_{12} \ln ER2_{it} + \varphi_{21} \sum_{j=1}^{n} W_{ij} \ln ER1_{it} +$$
$$\psi_{22} \sum_{j=1}^{n} W_{ij} \ln ER2_{it} + \pi_1 Z1_{it} + \pi_2 Z2_{it} + \pi_3 Z3_{it} + \mu_i + \varepsilon_{it} \qquad (5.10')$$

其中，τ 表示技术效率一阶滞后的相关系数，反映了技术效率自身的长期直接效应，φ 和 δ 分别反映了技术效率长期空间溢出效应和当期空间溢出效应，φ_{21} 反映了污染预防型环境规制的空间溢出效应，φ_{22} 反映了污染控制型环境规制的空间溢出效应，φ_{11} 反映了污染预防型环境规制直接效应，φ_{12} 反映了控制型环境规制的直接效应。

　　为确定合理的评估方法，利用 Hausman 检验分别对随机效应和固定效应模型进行检验，检验结果显示"固定效应和随机效应模型的参数估计方差的差是非正定矩阵"，即 Hausman 检验的基本假设不能满足，原因可能是样本太小。在这种情况下，一般认为随机效应模型的基本假设不能满足（Wooldridge，2002）。故直接通过增加 Hausman 选项，进行固定效应评估，检验结果 $chi2(9) = 358.83, prob > chi2 = 0.0000$，显著拒绝原假设，应采用固定效应评估方法。利用 Wooldridge（2002）检验对面板数据进行自相关检验，结果显示 $F(1,10) = 61.592, prob > F = 0.0000$，表明显著拒绝"不存在自相关"原假设。

二　变量选取与数据说明

　　模型中使用数据为 2006—2015 年沿海 11 个省份的面板数据，主要来源为《中国海洋统计年鉴》和《中国统计年鉴》。相关数据作如下说明：

　　（1）技术效率 e，采用前面随机前沿模型评估的技术效率值。

　　（2）环境规制变量的选取。因为本书主要研究环境规制严格程度对海洋经济技术效率的影响，因此环境规制代理变量的选取非常重要。参考前期相关研究，环境治理与控制支出（Pollution Abatement and Control Costs，简称 PACE）是常用代理变量，主要指与污染控制相关的产业投资与成本。Yang 等（2012）选用两个代理变量，一个是 $PACE$，另一个是污染治理费（Pollution Abatement Fees，简称 PAT），即主要污染治理的执行成本，包括维护、监督、测试、排污等费用。根据数据的可得性，与 PAF 和 $PACE$ 相对应，本书选用工业污染排污费（ER1）和工业污染治理投资（ER2）作为控制型环境规制和预防型环境规制的代理变量。参照 Thomas Broberg（2013），工业污染排污费（ER1）和工业污染治理投资（ER2）分别用消费价格指数（CPI）平减。同时考虑到不同区域海洋产业规模的差异，参考王国印（2011）指标设计方法，将工业污染排污费和工业污染治理投资除以各区域主要海洋产业增加值，再乘以区域海洋经济所占比重作为海洋产业面临环境规制强度的衡量指标。

　　（3）内生解释变量 Z 的选取。海洋经济外向度比较高，区域贸易外向度对海洋经济发展有重要影响，参考 Morakinyo 等（2015）的研究，将区域经济外向度作为内生解释变量，记为 $Z1$，用进出口贸易总额与海洋 GOP 的比重表示。内生变量 $Z2$ 为政府干预程度。海洋经济是高投入、高风险的经济活动，国家干预程度比较高，这里选用沿海地区政府支出占海洋经济 GOP 比重表示海洋经济的政府干预程度。产业结构与技术效率间存在重要影响关系已被很多研究证实（Roberto 等，2008），内生变量 $Z3$ 为产业结构指标，参照彭星等（2016）、王红梅（2016）对产业结构指标的构建，用海洋经济第二产业所占比重表示。内生变量 $Z4$ 为区域经济发展水平，区域经济发展水平比较高的地区，经济更有活力，资源要素流动更通畅，对海洋经济技术效率有良好的促进作用（赵林等，2016）。选用地区居民年均可支配收入表示区域经济发展水平 $Z4$。

三　空间相关性检验

1. Moran's I 统计值检验

通过 Moran's I 统计值检验海洋经济技术效率的全域空间自相关现象。表 5-4 报告了 2006—2015 年沿海 11 个省份海洋经济技术效率的空间自相关 Moran's I 检验结果。结果表明：2006—2010 年海洋经济技术效率在空间上是随机分布的；2011—2015 年海洋经济技术效率的 Moran's I 统计值在 5% 的水平上显著，表明在空间上存在显著负相关关系。2006—2015 年海洋经济平均技术效率 Moran's I 统计值为 -0.489，在 5% 的水平上显著拒绝 "无空间自相关" 假设，即认为海洋经济技术存在空间负相关即非相似值空间聚集。具有较高海洋经济技术效率的沿海省份通常与具有较低海洋经济技术效率的省份相邻近；而与具有较低海洋经济技术效率省份相邻近的省份具有较高海洋经济技术效率。海洋经济技术效率在空间分布关系上经历了由随机分布到空间负相关的演变过程。

表 5-4　　　　2006—2015 年沿海 11 个省份海洋经济技术
效率值 Moran's I 统计值

年份	I	E (I)	sd (I)	z	p-value
2015	-0.498	-0.1	0.239	-1.665	0.048

续表

年份	I	E（I）	sd（I）	z	p-value
2014	-0.592	-0.1	0.252	-1.957	0.025
2013	-0.611	-0.1	0.249	-2.052	0.02
2012	-0.544	-0.1	0.249	-1.786	0.037
2011	-0.509	-0.1	0.247	-1.654	0.049
2010	-0.5	-0.1	0.244	-1.642	0.05
2009	-0.367	-0.1	0.235	-1.132	0.129
2008	-0.342	-0.1	0.243	-0.998	0.159
2007	-0.332	-0.1	0.246	-0.942	0.173
2006	-0.396	-0.1	0.243	-1.219	0.111
2006—2015 年均值	-0.489	-0.1	0.248	-1.672	0.047

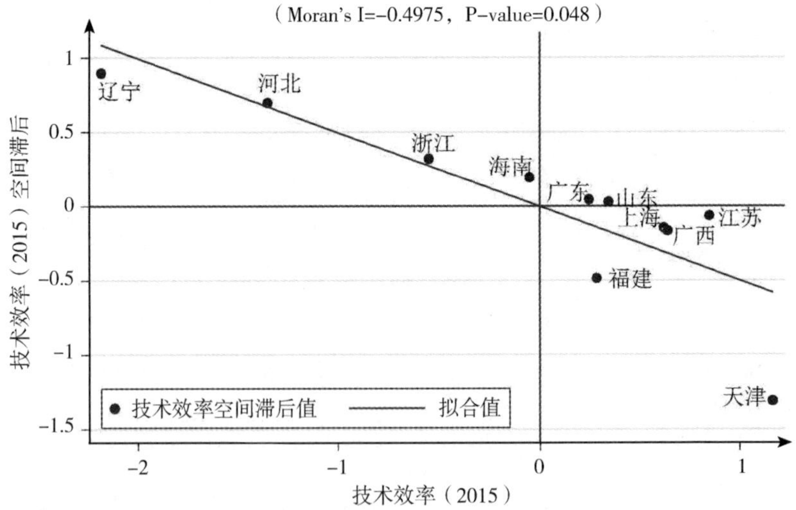

图 5-4　2015 年沿海 11 个省份海洋经济技术效率的 Moran 散点图

　　进行局域空间自相关检验并绘制 2015 年沿海 11 个省份海洋经济技术效率的 Moran 散点图（见图 5-4）。图 5-4 显示，广东、山东位于第 I 象限，是高—高的正自相关关系的聚集（HH）；海南、浙江、河北、辽宁位于第 II 象限，为低—高的负空间自相关关系（LH）；上海、广西、江苏、福建、天津位于第Ⅳ象限，为高—低的空间自相关关系（HL）。

对预防型环境规制进行空间自相关检验，检验结果显示莫兰指数 Moran's I = 0. 1093，P 值（P - value）为 0. 012。在 5% 水平上显著拒绝原假设，存在空间正向自相关。局域空间自相关空间分布图 5-5 显示，天津、辽宁、山东、河北、江苏、浙江 6 个省域位于第 Ⅰ 象限，表现为较严格的预防型环境规制的空间聚集；广西、海南、福建 3 个省域位于低—低型第 Ⅲ 象限，表现为较低预防型环境规制的空间聚集；上海、广东显示出非相似的空间关联。对控制型环境规制进行空间自相关检验，检验结果 Moran's I = 0. 0767，P - value = 0. 0346。在 5% 水平上显著拒绝原假设，存在空间正向自相关。

局域空间自相关空间分布图 5-6 显示，福建、江苏、浙江、山东、河北 5 个省域位于第 Ⅰ 象限，表现为较严格的控制型环境规制的空间聚集；海南、辽宁、广西 3 个省域位于低—低型第 Ⅲ 象限，表现为较低控制型环境规制的空间聚集；上海、天津位于第 Ⅱ 象限，表明具有较宽松控制型环境规制，并与具有较严格控制型环境规制的省域相邻近。广东位于第 Ⅳ 象限，具有较严格控制型环境规制，并与具有较宽松控制型环境规制的省域相邻近。

总体来看，环境规制具有显著空间正向自相关，在环渤海地区严格环境规制聚集现象较明显，在珠三角地区较宽松环境规制空间聚集明显。

2. 空间杜宾模型检验

模型检验依据 Elhorst（2010）的研究思想，设定静态空间杜宾模型（5.8′），检验（1）原假设 $\varphi_{21} = 0 = \varphi_{22}$，并且 $\delta \neq 0$，模型为空间自回归模型（SAR），如果拒绝原假设，则模型为空间杜宾模型。检验（2）原假设为 $\varphi_{21} = -\delta \times \varphi_{11}$，且 $\varphi_{22} = -\delta \times \varphi_{12}$，模型为空间误差模型（SEM），如果显著拒绝原假设，模型为空间杜宾模型。检验（1）结果为：$chi2(2) = 6. 65$，$Prob > chi2 = 0. 036$。检验（2）结果为：$chi2(2) = 7. 23$，$Prob > chi2 = 0. 026$。两个检验结果均在 5% 水平上显著拒绝原假设，因此模型设定为空间杜宾模型是合理的。

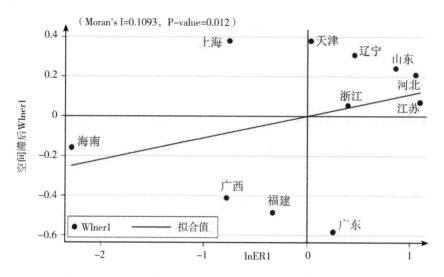

图 5-5　2015 年沿海 11 个省份预防型环境规制的 Moran 散点

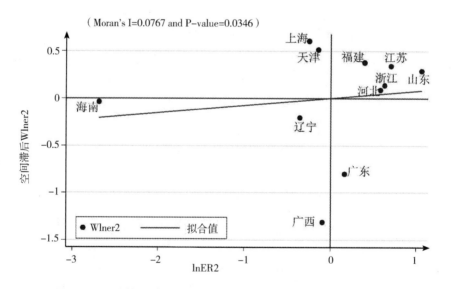

图 5-6　2015 年沿海 11 个省份控制型环境规制的 Moran 散点图

表 5-5　　　　　　空间杜宾模型评估结果（基于空间邻接矩阵）

	（5.7′）	（5.8′）	（5.9′）	（5.10′）
Main				
lnER1	0.012	0.007	0.016	0.012

续表

	（5.7'）	（5.8'）	（5.9'）	（5.10'）
	0.426	0.412	0.429	0.448
lnER2	0.004	0.002	0.002	0.003
	0.219	0.684	0.678	0.346
Z1	0.039*	0.033**	0.045*	0.036
	0.047	0.006	0.035	0.090
Z2	−0.086**	−0.103***	−0.101***	−0.090***
	0.003	0.000	0.001	0.001
Z3	0.252***	0.200**	0.281***	0.247***
	0.000	0.002	0.000	0.000
lnZ4	0.009	−0.001	0.010	0.007
	0.563	0.949	0.617	0.651
τ	0.359***			0.329***
	0.000			0.000
η	−0.300*		−0.117	
	0.045		0.467	
Wx				
lnER1	0.062***	0.056**	0.066***	0.063**
	0.001	0.005	0.001	0.001
lnER2	−0.025**	−0.018**	−0.022*	−0.025**
	0.007	0.007	0.031	0.005
δ	0.317***	0.209	0.228***	0.287**
	0.000	0.110	0.001	0.002
Variance				
Sigma2 e	0.000***	0.000***	0.000***	0.000***
	0.000	0.000	0.000	0.000
AIC	−504.3058		−491.1274	−501.8919

注：* p<0.05, ** p<0.01, *** p<0.001。

对空间杜宾模型的四种形式：时间滞后和时空滞后并存的空间杜宾模型（5.7'）、静态空间杜宾模型（5.8'）、仅有时空滞后的杜宾模型（5.9'）、仅有时间滞后的空间杜宾模型（5.10'）分别进行评估，评估结果见表5-5、表5-6。可以看出，用两种空间矩阵测算的时空滞后系

数 η，在 5% 的水平上均具有统计显著性，拒绝零假设；两种空间矩阵测算的时间滞后系数 τ，均在 1% 的水平上显著不为零，具有时间滞后效应。同时依据赤池信息量准则，模型（5.7′）具有最小 AIC 值，因此选择静态空间杜宾模型（5.7′）是最优的。表 5-5 和表 5-6 中模型（5.7′）空间自相关系数分别为 $\delta = 0.317$、$\delta = 0.498$，在 1% 水平上均具有显著空间正相关，与空间自相关检验的负相关不一致。

表 5-6   空间杜宾模型评估结果（基于空间距离矩阵）

	（5.7′）	（5.8′）	（5.9′）	（5.10′）
Main				
lnER1	0.012	0.010	0.018	0.013
	0.440	0.264	0.363	0.396
lnER2	0.004	0.002	0.001	0.003
	0.371	0.652	0.809	0.441
Z1	0.030	0.028 *	0.033	0.025
	0.118	0.021	0.147	0.203
Z2	−0.078 *	−0.101 ***	−0.100 ***	−0.083 **
	0.014	0.000	0.001	0.002
Z3	0.194 **	0.170 **	0.215 *	0.180 **
	0.005	0.008	0.014	0.007
lnZ4	0.008	0.004	0.007	0.003
	0.573	0.678	0.681	0.798
τ	0.413 **			0.370 ***
	0.001			0.000
η	−0.372 *		0.081	
	0.0296		0.786	
Wx				
lnER1	0.042	0.020	0.045	0.064
	0.313	0.569	0.283	0.117
lnER2	−0.024 *	−0.021 *	−0.024 *	−0.027 ***
	0.024	0.016	0.020	0.001
Spatial				
δ	0.498 ***	0.398 *	0.350 **	0.473 **

	(5.7′)	(5.8′)	(5.9′)	(5.10′)
	0.000	0.012	0.007	0.001
Variance				
sigma2 e	0.000 ***	0.000 ***	0.000 ***	0.000 ***
	0.000	0.000	0.000	0.000
AIC	−504.4297		−489.9856	−503.0802

注：* p<0.05，** p<0.01，*** p<0.001。

空间自相关莫兰指数检验表现的是技术效率的空间上静态分布情况，整体上存在高低技术效率不同属性的聚集，说明海洋经济技术效率存在显著空间异质性。这种空间异质性取决于两种作用的权衡：正向自相关的溢出加强作用，其他影响因素的极化作用，当后者作用更强时，空间聚集特征就会与空间自相关作用方向相反。而模型评估的就是控制了相关解释变量影响效应后的空间自相关系数，结果显示为正值，说明海洋经济技术效率空间异质性有缩小的趋势。

四　实证结果分析

确定模型（5.7′）完成评估后，得到技术效率评估拟合图（图5-7），评估值与真实值拟合较好。从表5-6中可以看出，区域外向度、区域产业结构对海洋经济技术效率有显著正向直接影响，产业结构对海洋经济技术的影响作用更强。政府干预程度对海洋经济技术效率有反向抑制作用；环境规制、区域经济发展水平对技术效率没有显著直接影响；技术效率时间滞后对自身有显著正向作用，时空滞后变量对自身也具有显著正向作用，但是对比时间滞后的作用程度有所减弱。关于空间溢出效应，预防型环境规制作用不显著，控制型环境规制在5%水平上表现出显著的负向作用。

相比静态模型，动态空间模型可以将直接影响分为短期直接影响和长期直接影响，空间溢出效应（即间接影响）分为短期溢出效应和长期溢出效应（见表5-7），分析影响因素作用的动态变化。为了得到更稳定的评估，分别用两种矩阵进行评估，基于邻接矩阵评估的结果更显著。

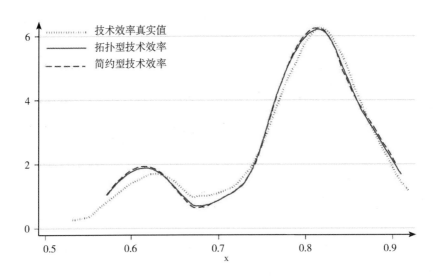

图 5-7　动态空间杜宾模型海洋技术效率评估值与真实值拟合图

表 5-7 显示，短期直接效应和长期直接效应评估中，环境规制对技术效率影响均不显著；短期空间溢出效应和长期空间溢出效应评估中，环境规制对技术效率影响均在 1% 水平上显著，即环境规制强度对海洋经济技术效率没有显著的直接影响，环境规制主要通过显著的空间溢出效应对海洋经济技术效率产生影响。以工业排污费为代表的预防型环境规制表现出显著正向空间溢出效应，分别为 0.046 和 0.057，正向溢出效应随时间不断增强；以工业污染治理投资为代表的控制型规制则表现出显著负向空间溢出效应，分别为 -0.017 和 -0.023，负向溢出随时间的增加而增强。

根据微观经济理论，灵活的预防型规制工具可以促进技术创新，通过对企业持续施加压力使其寻找更有效的技术方法；命令控制型环境规制产生大量非生产成本的同时，不能使企业产生持续创新压力，因此，预防型环境规制动态效率影响趋势显著优于通过描述技术标准或是建立相关排放标准等的命令控制型环境规制。

表 5-7　　动态空间模型直接影响与空间溢出影响评估结果

	直接效应		空间溢出效应		总效应	
	基于邻接矩阵	基于距离矩阵	基于邻接矩阵	基于距离矩阵	基于邻接矩阵	基于距离矩阵
短期						

续表

	直接效应		空间溢出效应		总效应	
	基于邻接矩阵	基于距离矩阵	基于邻接矩阵	基于距离矩阵	基于邻接矩阵	基于距离矩阵
lnER1	0.016	0.016	0.046**	0.052	0.051	0.067
	0.278	0.402	0.002	0.270	0.060	0.248
lnER2	0.003	0.002	-0.017**	-0.024	-0.014**	-0.022
	0.368	0.812	0.007	0.411	0.010	0.548
Z1	0.040*	0.031	0.006	0.014	0.046*	0.045
	0.044	0.141	0.137	0.170	0.037	0.134
Z2	-0.088**	-0.081*	-0.015	-0.041	-0.103**	-0.121*
	0.001	0.013	0.132	0.059	0.003	0.016
Z3	0.257***	0.201**	0.042*	0.096**	0.299***	0.297***
	0.000	0.003	0.044	0.007	0.000	0.001
lnZ4	0.009	0.008	0.001	0.004	0.010	0.011
	0.602	0.702	0.777	0.740	0.621	0.711
长期						
lnER1	0.018	0.023	0.057**	0.064	0.065	0.067
	0.417	0.441	0.002	0.298	0.070	0.248
lnER2	0.007	0.005	-0.023**	-0.033	-0.016*	-0.028*
	0.219	0.706	0.008	0.372	0.013	0.044
Z1	0.062*	0.052	-0.004	0.007	0.058	0.059
	0.047	0.142	0.578	0.516	0.396	0.135
Z2	-0.136**	-0.134*	0.006	-0.025	-0.130**	-0.159*
	0.001	0.013	0.694	0.385	0.004	0.019
Z3	0.398***	0.334**	-0.023	0.053	0.375***	0.387***
	0.000	0.004	0.603	0.365	0.000	0.001
lnZ4	0.014	0.013	-0.002	0.002	0.012	0.015
	0.598	0.702	0.635	0.836	0.625	0.715

注: * $p<0.05$, ** $p<0.01$, *** $p<0.001$。

短期总效应和长期总效应评估中，以工业排污费为代表的预防型环境规制不满足5%的显著性水平，以工业污染治理投资为代表的控制命令型规制的评估结果具有5%水平显著性。因此，总体来看，中国预防型环境规制不够严格，收费标准较低，不能完全发挥对环境与海洋经济的调节作用，对海洋经济技术效率没有显著影响；以污染控制治理为主的末端治理投资对海洋经济技术产生重要影响，但是由于投入成本过高，一定程度上抑制了海洋经济技术效率的增长。

在控制变量中，政府干预程度空间溢出影响不显著，对本地海洋经济技术效率短期直接影响效应和长期直接效应均在5%水平上显著，其中短期总效应为-0.103，长期总效应增加为-0.130。区域外向度在短期内增加一个单位，促进海洋经济技术效率增加0.046个单位，但是长期总效应不显著。区域产业结构是影响海洋经济技术效率的重要因素，短期直接效应为0.257，长期直接效应增加至0.398，均在1%水平上显著；短期空间溢出效应在5%水平显著，长期空间溢出效应不显著；短期和长期总效应在1%水平上具有显著正向作用，而且随时间的增加正向作用增强。区域经济发展水平对海洋经济技术效率的直接作用和空间溢出效应均不显著。郑奕（2014）研究发现地区经济发展在不同发展水平上与海洋经济环境效率呈现不同的影响关系，当经济发展水平较低时，环境效率通常较低，当区域经济发展水平较高时，环境效率水平较高，当区域经济发展水平处于二者之间的中等水平时，与环境效率的影响关系不确定。根据这一思想，当前区域经济发展水平处于对海洋经济技术效率无显著影响的中等水平阶段。

第三节　本章小结

本章基于2006—2015年沿海11个省份的面板数据，充分考虑技术非效率的不同组成部分，构建四组分随机生产前沿模型评估海洋经济技术效率。为保证海洋经济技术效率评估结果的稳定性，利用Pitt and Lee（1981）不变时模型和Battese Coelli（1995）可变时模型进行对比分析，并从时间和空间两个维度分析中国海洋经济技术效率的发展特征。同时将环境规制分为预防型环境规制和控制型环境规制，通过建立动态空间杜宾模型，考察不同类型环境规制对我国海洋经济技术效率的影响效应。实证研究的主要结论如下：

（1）2006—2015年中国海洋经济技术效率整体水平不高，随时间表现出波动变化，并有下降趋势。海洋经济技术效率在空间分布上存在显著区域差异。尤其是环渤海地区分布极不均衡，天津具有显著核心地位。天津和山东海洋经济技术效率分别为0.88和0.84，辽宁和河北海洋经济技术效率仅为0.61和0.63。说明环渤海地区海洋产业联系不紧密，没有形成有效的区域经济协作。因此在加强海洋产业集聚的同时，地方政府应积极促进海洋产业融合化，借助海洋产业网络化，提高海洋产业区域联动发展水平，促进区域效率整体水平的提高。

（2）环境规制空间正向自相关显著。环渤海地区环境规制较为严格，长三角地区江苏和浙江环境规制较为严格，珠三角地区环境规制程度较为宽松。不同类型环境规制对海洋经济技术效率的影响存在较大差异，预防型环境规制与控制型环境规制均不存在对技术效率先促进后抑制的倒U形关系。预防型环境规制对海洋经济技术效率总效应不显著，预防型环境规制强度只有达到一定水平，才能真正发挥对海洋经济技术效率的积极促进作用。以末端控制为目标的控制型环境规制是影响海洋经济技术效率的主要环境规制形式，对海洋经济技术效率有负向影响效应，且负向影响随时间呈现增加趋势。主要原因是地方政府在区域博弈的过程中相互模仿行为显著，"逐底竞争"较为普遍，竞相降低环境规制标准吸引海洋经济活动，实现了短期海洋经济的增长，却抑制了技术效率的增加。

（3）区域外向度短期内正向促进海洋经济技术效率的增加，长期没有显著影响作用。海洋经济中大多数外贸出口型产业为资源劳动密集型，处于产业链低端，产品结构相对单一，发展初期驱动海洋经济快速增长并提高技术效率，但长期发展却伴随着加重海洋生态环境污染、技术效率停滞的问题。海洋产业结构对海洋经济技术效率正向影响效应显著。政府干预程度对海洋经济技术效率影响以直接作用为主，对海洋经济技术的增加有负向抑制作用。主要原因可能是在海洋经济发展中，政府参与度比较高，管理控制职能比较强，缺乏服务意识，一定程度上制约了海洋经济发展的灵活性，抑制了技术效率的增加。区域经济发展水平对海洋经济技术效率没有显著影响。说明传统区域经济通过规模效应驱动快速增长到一定水平后，已不能有效带动海洋经济技术效率的增加，更多地依靠创新区域发展理念、转变经济增长方式等提高技术效率；海洋经济的发展也不再完全依附于陆地区域经济，海陆经济的作用机制已经发生变化。

第六章　环境规制对海洋经济
技术创新的影响

环境污染是具有负外部性的公共物品，需要合理环境规制的引导与约束。环境规制能否实现清洁环境和较高增长力的双赢；引致技术创新是先决条件。

基于前面章节对相关研究文献的分析，本章拟进行以下拓展：

（1）大部分验证弱波特假说的文献关注发达国家的经济活动，这些发达的经济体系大多经历了成熟完整的制造业发展，而关注海洋经济体系的文献几乎没有。海洋经济快速发展和相对宽松的环境规制导致了沿海地区环境的恶化；经过工业化快速发展后，逐渐意识到保护环境持续发展的重要性，政府越来越重视环境规制的制定与实施。应用海洋经济面板数据作为研究样本，研究环境规制与海洋技术创新的作用机理，是对现有研究的有益补充。

（2）环境规制是否对海洋技术创新产生引致效应？通过加强环境规制强度是否可以有效增强海洋经济的技术创新驱动？环境规制引致海洋技术创新效应主要受哪些因素影响？为解决这些问题，本章拟对环境规制与海洋技术创新的动态作用关系做深入研究。

（3）中国特大型城市多数位于沿海地区，对人才、资本及其他资源要素有很强的极化作用。结合前期研究成果，考虑到沿海地区经济发展水平和人力资本存量存在显著区域差异，环境规制对海洋技术创新可能存在非线性关系。如果两者存在非线性关系，仅考虑简单的线性关系，评估是有偏的。

本章利用 2006—2015 年海洋经济面板数据建立动态面板模型，并考虑环境规制的内生性以及模型异方差问题，选择 GMM 方法进行实证研究，检验弱波特假说在海洋经济领域是否存在。在此基础上，构建动态面板门槛模型，检验环境规制与海洋技术创新的非线性关系，并结合区域差异进行异质性分析，以获得更符合实际的研究结论，以期更好地解释环境规制对海洋经济增长效应的影响。

第一节　环境规制影响海洋技术创新的经验考察

一　模型设定与评估方法

参考前期相关研究，环境规制严格程度与技术创新存在双向影响作用，考虑到环境规制严格程度代理变量的工具变量大部分也与技术创新具有相关性，因此将环境规制严格程度的代理变量作为内生变量引入模型，环境规制代理变量的滞后变量将作为工具变量。技术创新存在创新依赖路径，在过去具有创新能力的企业更可能在现在产生创新（Baumol，2002），环境规制与技术创新关系的考察具有动态性，因此技术创新的滞后变量将作为解释变量引入模型。构建如下模型：

$$TI_{it} = \alpha_i + \mu_t + \beta_1 TI_{it-1} + \beta_2 ER_{it} + \varphi_n X_{it}^n + \varepsilon_{it}(t = 2, \cdots, T)$$

$$(6.1)$$

其中，i 表示沿海不同地区，t 表示时间。TI 表示技术创新，TI_{it-1} 表示技术创新的一阶滞后项。ER_{it} 表示第 i 个省市第 t 年环境规制严格程度。本章将采用不同技术创新代理变量和不同的环境规制严格程度代理变量进行模型评估，并在后面的实证部分进行详细分析给出评估结果。X_{it}^n 表示一系列控制变量，α_i 表示地区效应，μ_t 表示时间效应。μ_t 主要是控制模型中不随地区变化而依赖于时间的影响创新的变量，比如影响全部创新激励的政策变动等。ε_{it} 是捕捉其他影响的随机误差项。α_i 捕捉不随时间变化、不同区域对于环境规制冲击做出的反应，而不是由不可观测的、独立于时间的区域特征变量所产生的创新活动区域差异。

上述构建的模型（6.1）主要是验证这样的假设：不同地区海洋产业将通过技术创新应对更严格的环境规制强度，这样可以有效减小环境规制成本。同时，环境规制成本也必然受到创新活动的影响。忽略环境规制与创新活动的双向联系，评估结果是有偏的。因此，需要采用基于动态面板数据的广义矩阵法，以便在没有严格外生工具变量的情况下，对模型进行有效评估。Arellano 和 Bond（1991）使用所有可能的滞后变量作为工具变量进行评估，进行差分 GMM 评估。通过对方程（6.1）一阶差分消除地区效应，得到方程（6.2）：

$$\Delta TI_{it} = \mu_t + \beta_1 \Delta TI_{it-1} + \beta_2 \Delta ER_{it} + \varphi_n \Delta X_{it}^n + \Delta \varepsilon_{it} (t = 2, \cdots, T)$$

$$(6.2)$$

差分 GMM 评估采用内生解释变量环境规制的前期观测值和被解释变量技术创新的滞后变量作为工具变量。这种方法的使用前提是随机误差项不存在序列自相关；内生解释变量与随机误差项的差分 $\varepsilon_{it} - \varepsilon_{it-1}$ 不相关，用以下矩条件表示：

$$E[ER_{it-2}(\varepsilon_{it} - \varepsilon_{it-1})] = 0 \qquad (6.3)$$

$$E[TI_{it-2}(\varepsilon_{it} - \varepsilon_{it-1})] = 0 \ (t = 3, \cdots, T) \qquad (6.4)$$

在本书的评估中 T = 10，涉及 11 个截面地区，需要限制矩条件，以防止过度拟合（Roodman，2009）。基于方程（6.3）和（6.4）的差分评估也有很大的局限性，评估结果通常具有较大的有限样本偏差和较低的精度。如果 T 较大，解释变量持续差分，滞后水平就会产生弱工具变量。Arellano 和 Bover（1995）、Blundell 和 Bond（1998）认为这些局限性可以通过系统 GMM 得以解决。系统 GMM 方法将差分方程（6.3）和水平方程（6.1）结合成一个方程系统进行评估。同时考虑用水平变量作为差分变量的工具变量和用差分变量作为水平变量的工具变量。与差分 GMM 相比，系统 GMM 需要额外的矩条件：

$$E[(ER_{it-1} - ER_{it-2})(\alpha_i + \varepsilon_{it})] = 0 \qquad (6.5)$$

$$E[(TI_{it-1} - TI_{it-2})(\alpha_i + \varepsilon_{it})] = 0 \qquad (6.6)$$

结合前期研究，为了得到一致有效的参数估计，本书选择基于矩条件（6.3）—（6.6）的系统 GMM 评估方法。首先进行误差项自相关检验。原假设是随机误差项的差分不存在二阶或更高阶的自相关，如果检验结果无法拒绝原假设，则说明随机误差项 ε_{it} 无自相关，支持评估模型。如果评估结果拒绝原假设，则随机误差项 ε_{it} 存在一阶自相关或是更高的自相关。在这种情况下，采用更高阶滞后项作为工具变量重新设定模型进行评估。其次，进行过度识别检验。原假设是所有工具变量都是有效的，备择假设是至少有一个工具变量因为与随机误差项相关而无效。

二 数据来源与说明

参照谢子远（2014）与杜利楠、栾维新等（2015）评价海洋科技水平均将样本初始时间选择为 2006 年，本书原始数据为 2006—2015 年沿海 11 个省份的面板数据，主要来源于《中国海洋统计年鉴》和《中国统计年鉴》。相关数据作如下说明：

1. 技术创新（TI）

波特假说中的技术创新内涵广泛，既包括产品与服务的设计创新，也包括这些产品和服务是如何生产，如何销售和如何推广的。因此环境规制引致的技术创新既可以是内部创新或是第三方创新，也可以是成功创新技术的溢出过程（Porterand van der Linde，1995）。

相关文献中常用的技术创新指标主要有研发经费内部支出、专利授权数量和新产品销售比重，鉴于海洋技术创新数据的可得性与连续性，本书采用专利授权数量作为技术创新指标。根据《中国统计年鉴》，专利可以分为发明专利、实用新型和外观设计，分别代表了不同类型的技术创新。发明专利反映了地区原始创新能力，更能体现地区科技综合实力（沈能、刘凤朝，2012）；实用新颖和外观设计反映的是模仿技术创新能力（江珂、卢现祥，2011）。《中国海洋统计年鉴》中除专利授权数量外，仅统计了发明专利授权数量，因此本书将实用新型和外观设计综合为模仿型专利指标，数据由专利授权量与发明专利授权量的数量差所得。为了研究环境规制强度与沿海地区不同类型海洋技术创新的作用关系，同时增强评估结果的稳健性，本书用专利授权数量、发明专利授权数量和模仿型专利授权数量分别作为技术创新指标进行评估。

《中国海洋统计年鉴》中海洋技术创新数据来源于海洋科研机构的相关统计。在《中国海洋统计年鉴》的指标解释中，海洋科研机构指"有明确的研究方向和任务，有一定水平的学术带头人和一定数量、质量的研究人员，有开展研究工作的基本条件，长期有组织地从事海洋研究与开发活动的机构"。不同于企业层面技术创新数据，利用地区海洋科研机构创新活动数据评估的是环境规制强度引致企业进行第三方创新，以及环境规制强度引致政府海洋科技导向变化的综合情况；基于海洋经济风险大、投入高的特点，更多的涉海企业寻求与第三方合作的方式进行技术研发与创新。从一定意义上，海洋科研机构的科技创新数据可以更好地表征环境规制强度对沿海地区海洋技术创新引致活动的影响。

2. 环境规制指标（ER）

本书重点研究海洋技术创新与环境规制强度的作用关系，理想情况下，即技术创新活动与环境污染影子价格的作用关系（Jaffe et al.，2002），然而很难实际观测到这种影子价格，因此更多的学者从环境规制执行成本角度寻找环境规制的代理变量。根据数据的可得性，本章选用工业污染排污费和工业污染治理投资分别作为环境规制强度指标，表示预防型环境规制强度和控制型环境规制强度（同第五章关于环境规制指标的界定）。

3. 控制变量（X）

参考产业组织理论，选取除环境规制强度变量以外影响海洋技术创新的重要变量作为控制变量。

（1）控制变量是市场化水平（X1），数据来源于樊纲2016年版市场化综合指数。根据熊彼特创新假说，市场力与创新间存在正向促进关系，相比小企业，大企业更容易创新（Schumpeter，1942）；市场垄断者在创新过程中具有更大的资本投入优势、抗风险能力和规模经济优势，更容易创新成功（Mansfield，1968；Scherer，1967）。然而这一假说的反对者则认为具有较高市场集中度的产业通常缺少创新压力，而具有较多企业的产业面对激烈的市场竞争压力而更趋于创新；市场集中度对技术创新有阻尼作用（Geroski，1990）；市场竞争与技术创新存在倒U形关系（Aghion等，2005）。根据上述研究结论，本书预期市场化水平对技术创新具有较小、可能不显著的非线性影响，因此在模型中引入市场化综合指标的二次项，检验非线性关系。

（2）控制变量产业规模（X2），采用地区主要海洋产业增加值作为衡量指标。通常，更大规模的产业更有能力承担研发创新过程中产生的高额成本和更大的风险（Brunneimer，Cohen，2003；Yang et al.，2012）。产业规模对创新的影响预期为正向作用。

（3）控制变量资本强度（X3），采用海洋经济固定资本存量作为衡量指标。因为资本密集型产业为了与新技术相适应更有能力拓展生产过程，预期资本强度对创新具有正向影响（海洋经济固定资本存量 k_{it} 由永续盘存法计算可得，变量计算与第五章节相同）。

（4）控制变量开放度（$X4$），采用沿海地区货物进出口总额与地区海洋生产总值的比重作为衡量指标。一方面，中国是发展中国家，是海洋大国，但还没有发展成海洋强国，国际市场比国内市场具有更强的市场竞争，决定进入国际市场的企业通常通过技术研发创新具有更高的生产率，开放度比较高的产业通常具有较强的创新偏好（Braga and Willmore，1991）。另一方面，对节能环保产品的市场需求不断增加。Porter和 van der Linde（1995）认为世界市场需求未来的发展方向是低污染、高能效的产品和过程。基于这两点，本书预判开放度对技术创新有正向影响作用。

（5）控制变量经济发展水平（$X5$），采用人均 GDP 表示地区经济发展水平。为了保证数据的可比性，以历年 GDP 的名义值以及历年国家统计局公布的 GDP 增长速度为基础，折算出以 2006 年为基期的 GDP平减指数对人均 GDP 进行平减。结合前期相关文献，地区经济发展水平正向促进技术创新。

（6）控制变量人力资本规模（$X6$），采用科技活动人员数量作为衡量指标。

三　描述性统计

表 6-1　　　　　　　　　　　系统 GMM 评估变量统计性描述

变量名	代码	均值	标准差	最小值	中位数	最大值
专利授权数量	$\ln TI1$	3.700	1.590	1.390	3.850	6.730
发明型专利授权数量	$\ln TI2$	3.020	1.710	0.690	3.070	6.570
模仿型专利授权数量	$\ln TI3$	2.830	1.530	0.690	3.090	5.530
预防型环境规制强度	$\ln ER1$	3.760	1	2.010	3.720	5.620
控制型环境规制强度	$\ln ER2$	5.040	0.870	2.690	5.130	7.030
市场集中度	$\ln X1$	0.210	0.190	0.0400	0.130	0.690
市场规模	$\ln X2$	6.940	0.840	4.960	7.160	8.440
资本强度	$\ln X3$	8.370	1.070	5.180	8.590	10.36
开放度	$\ln X4$	8.360	0.810	6.720	8.230	10
经济发展水平	$\ln X5$	10.52	0.500	9.230	10.55	11.45
人力资本规模	$\ln X6$	6.940	1	4.230	7.340	8.480

表 6-2 系统 GMM 评估主要变量相关系数矩阵

	ln*TI*1	ln*TI*2	ln*TI*3	ln*ER*1	ln*ER*2	ln*X*1	ln*X*2	ln*X*3	ln*X*4	ln*X*5	ln*X*6
ln*TI*1	1										
ln*TI*2	0.974***	1									
ln*TI*3	0.962***	0.883***	1								
ln*ER*1	-0.351***	-0.347***	-0.343***	1							
ln*ER*2	-0.153	-0.161*	-0.136	0.308***	1						
ln*X*1	-0.130	-0.118	-0.118	-0.148	-0.116	1					
ln*X*2	0.792***	0.770***	0.777***	-0.132	0.062	-0.063	1				
ln*X*3	0.806***	0.784***	0.772***	-0.259***	-0.049	-0.115	0.918***	1			
ln*X*4	0.473***	0.417***	0.524***	0.140	-0.032	-0.014	0.561***	0.403***	1		
ln*X*5	0.793***	0.733***	0.810***	-0.369***	-0.101	-0.172*	0.797***	0.837***	0.557***	1	
ln*X*6	0.854***	0.823***	0.841***	-0.089	-0.007	-0.163*	0.915***	0.842***	0.636***	0.806***	1

注：* $p<0.1$，** $p<0.05$，*** $p<0.01$。

为了消除异方差，对所有变量取对数。表6-1显示所有变量在评估中的代码、均值、标准误差、最小值、中位数和最大值。表6-2显示主要变量的相关系数矩阵。从表6-2中可以预判预防型环境规制指标（ln*ER*1）与海洋技术创新间存在显著负向相关，控制型环境规制强度指标（ln*ER*2）与海洋技术创新的相关性不显著，仅与发明型技术创新存在10%显著性水平的负相关，环境规制强度与海洋技术创新的相关性需要通过模型评估进一步分析。

首先描述性分析2006—2015年中国海洋科技专利授权、环境规制强度指标的发展变化情况，用发展曲线描绘两种变量的历史发展水平。图6-1表示了2006—2015年中国海洋专利授权数量和发明专利授权数量的变化情况。从图中可以看出，中国海洋经济发展过程中专利授权数量增长强劲，由2006年的376件增长至2015年的5622件，数量增长近14倍。尤其是2008年以来，专利授权数量年均增速43.9%，进入快速发展期。历年发明专利授权数量占比均在60%以上，2015年占比达到73%。这说明中国海洋技术具有巨大创新潜力。

为了更好地显示专利数量的变化趋势，采用专利授权数量的对数形式（ln*TI*1）和发明专利授权数量的对数形式（ln*TI*2）与时间的相关散

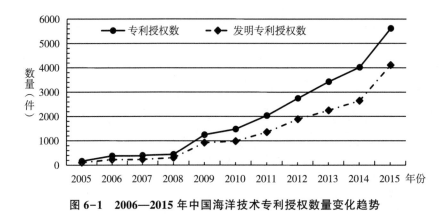

图 6-1　2006—2015 年中国海洋技术专利授权数量变化趋势

点图，展现不同沿海省份海洋技术创新水平的变化差异（见图 6-2）。

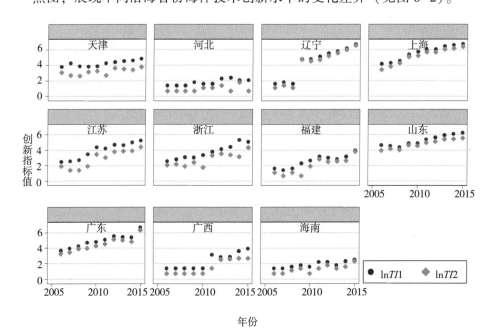

图 6-2　2006—2015 年 11 沿海省份海洋技术创新变化趋势

从图 6-2 中可以看出，沿海地区海洋技术创新大致可以分为三个梯队。第一梯队海洋技术创新指标值超过 6，包括辽宁、上海、山东和广东；第二梯队海洋技术创新指标值多个年份均大于 4，包括天津、江苏、浙江；第三梯队海洋技术创新指标值小于 4，包括福建、广西、海南和河北。这一梯度划分与谢子远（2014）运用主成分分析法研究

2006—2011 年海洋技术创新水平的结论基本相符。在三个梯队内部海
洋技术创新发展能力也存在巨大差异。

　　第一梯队中四个省市海洋技术创新能力均保持较快增长，其中辽宁
增速更为突出，2009 年以前其海洋技术创新能力与广西、河北和海南
相当，从 2009 年开始，专利授权数和发明专利数量快速增长，海洋技
术创新能力与山东、广东和上海比肩，甚至 2015 年专利授权数量超过
山东。

　　第二梯队中天津具有更好的技术创新基础，专利授权数量的对数形
式 2006 年已经达到 4，但是增长速度缓慢，其中发明专利授权数量增
长缓慢，相对而言，模仿型技术创新发展更快，海洋科技原始创新能力
不足；江苏海洋技术创新能力整体呈快速上升趋势，具有较好的发展潜
力；浙江海洋技术创新增速缓慢，尤其是发明专利创新能力不足，2013
年以来海洋技术创新能力的提升更多地依赖于模仿型技术创新。

　　第三梯队中福建海洋技术创新能力较强，在谢子远（2014）的研
究中福建属于第二梯队，但是海洋技术创新能力增速缓慢，经过 4 年的
发展退至第三梯队；广西海洋技术创新能力呈现较快上升趋势，2011
年以前其海洋技术创新能力较低，与河北和海南指标值均在 2 以下，从
2011 年开始创新指标值与福建相当，甚至赶超福建，但是发明技术创
新能力不足；河北和海南海洋技术创新力水平较弱，且增长非常缓慢。

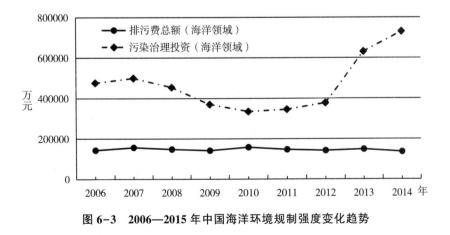

图 6-3　2006—2015 年中国海洋环境规制强度变化趋势

　　图 6-3 显示 2006—2015 年以排污费总额和污染治理投资为代理指

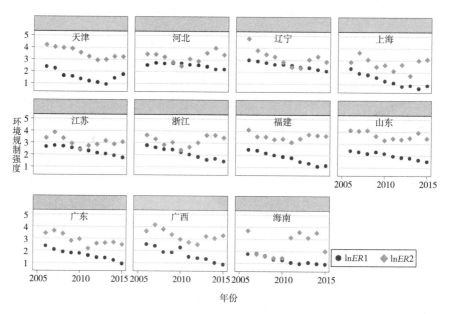

图6-4　2006—2015年11沿海省份海洋环境规制强度变化趋势

标的海洋环境规制强度变化趋势。从图中可以看出，预防型环境规制强度偏低，且随着海洋经济的发展排污费没有明显增长变化；控制型环境规制强度呈现波动上升趋势，图6-4显示了2006—2015年海洋产业面临的环境规制强度的区域变化。除天津、上海外，其他沿海省份预防型环境规制强度呈下降趋势。总体看，排污标准偏低、范围过窄，长期没有显著提高，随着海洋经济的快速发展，增长缓慢的排污费总额与快速增长的海洋经济总量比值不断降低，从而产生了较低的预防型环境规制强度。控制型环境规制强度在沿海各省市呈现波动性变化，总体上呈现"北高南低"的区域差异。

四　实证结果分析

表6-3显示了采用预防型环境规制指标表示环境规制强度，影响三种技术创新指标［专利授权数量（1.1）、发明型专利授权数量（1.3）和模仿型专利授权数量（1.5）］的系统GMM评估结果。表6-4显示了采用控制型环境规制指标表示环境规制强度，影响三种技术创新指标［专利授权数量（1.2）、发明型专利授权数量（1.4）和模仿型专利授

权数量（1.5）］的系统 GMM 评估结果。

以上六种不同评估中均选择相同的六个控制变量（lnX1、lnX2、lnX3、lnX4 、lnX5、lnX6）。从表6-3、表6-4 中可以看出，六种评估中 Wald 检验统计量比较大且在1%水平上显著；Sargan 检验结果均通过10%水平显著性检验，模型中不存在过度识别问题；AR（2）检验结果均不能拒绝"随机误差项无自相关"的原假设。这些检验结果说明本文设定的模型是合理的，采用的工具变量完全有效，系统 GMM 估计结果是有效的。

表 6-3　　　　　　动态面板系统 GMM 评估结果（1）

	*TI*1（1.1）	*TI*2（1.3）	*TI*3（1.5）
L. ln*TI*	0.372***	0.159*	−0.0425
	(0.0674)	(0.0894)	(0.130)
L2. ln*TI*	−0.131***	−0.0175	0.279**
	(0.0307)	(0.0364)	(0.126)
L3. ln*TI*	−0.453***	−0.350***	−0.108**
	(0.0439)	(0.0726)	(0.0515)
ln*ER*1	−1.486***	−1.521***	−1.321***
	(0.206)	(0.239)	(0.400)
L. ln*ER*1	0.483***	0.230	−0.439*
	(0.157)	(0.184)	(0.261)
L2. ln*ER*1	−0.360***	−0.289	−0.663***
	(0.117)	(0.211)	(0.205)
L3. ln*ER*1	1.129***	0.521**	1.058***
	(0.204)	(0.247)	(0.409)
L4. ln*ER*1			0.0610
			(0.253)
ln*X*1	−3.763**	−3.211**	−7.248***
	(1.570)*	(1.607)	(2.076)
ln*X*1^2	6.670*	7.177*	13.836***
	(3.719)	(4.026)	(4.830)
ln*X*2	1.283***	1.371***	0.997**
	(0.382)	(0.283)	(0.449)

续表

	*TI*1（1.1）	*TI*2（1.3）	*TI*3（1.5）
ln*X*3	-0.0439	-0.850**	-0.550
	（0.421）	（0.404）	（0.367）
ln*X*4	-0.987***	-0.932***	0.271
	（0.256）	（0.180）	（0.353）
ln*X*5	1.387**	1.399***	-0.943
	（0.552）	（0.405）	（0.735）
ln*X*6		0.848***	1.084***
		（0.199）	（0.350）
常数项	-9.841***	-9.558***	2.313
	（2.869）	（1.972）	（3.890）
Wald 检验	6296.79	1270.13	1056.89
	（0.000）	（0.000）	（0.000）
AR（2）检验	1.02	1.00	1.48
	（0.306）	（0.319）	（0.138）
Sargan 检验	58.35	50.22	68.06
	（0.018）	（0.072）	（0.000）
工具变量数	51	51	45
观测数量	80	80	70
样本时间	10	10	10

注：*** $p<0.01$，** $p<0.05$，* $p<0.1$；变量回归结果下方括号中显示的是标准差；Wald 检验、AR（2）检验和 Sargan 检验括号中显示的是 P 值；模型 *TI*3（1.5）在观测数量为 80 时，出现随机误差项的自相关，所以引入内生解释变量四阶滞后作为解释变量，此时观测值为 70，工具变量为 45，消除序列相关。

表 6-4　　　　　　　　动态面板系统 GMM 评估结果（2）

	*TI*1（1.2）	*TI*2（1.4）	*TI*3（1.6）
L.ln*TI*	0.368***	0.431***	0.159
	（0.110）	（0.0776）	（0.152）
L2.ln*TI*	-0.120**	-0.00873	-0.147
	（0.0528）	（0.0408）	（0.114）
L3.ln*TI*	-0.468***	-0.238***	-0.463***
	（0.0643）	（0.0622）	（0.113）

续表

	TI1 (1.2)	TI2 (1.4)	TI3 (1.6)
lnER2	-0.216***	-0.0537	-0.231***
	(0.0676)	(0.135)	(0.0582)
L. lnER2	-0.153	0.480	-0.474
	(0.288)	(0.293)	(0.320)
L2. lnER2	0.338	0.220	0.566*
	(0.229)	(0.217)	(0.332)
L3. lnER2	0.127	0.287	0.171
	(0.107)	(0.182)	(0.149)
lnX1	2.391	1.744	0.445
	(2.065)	(1.254)	(2.538)
lnX1^2	-3.212	-1.724	1.749
	(5.315)	(3.203)	(6.557)
lnX2	1.793***	1.255***	1.158***
	(0.289)	(0.486)	(0.399)
lnX3	-0.708***	-1.024***	-0.0256
	(0.274)	(0.322)	(0.363)
lnX4	-1.570***	-1.628***	-1.061***
	(0.219)	(0.226)	(0.347)
lnX5	2.938***	2.798***	2.273***
	(0.345)	(0.426)	(0.305)
lnX6		0.858**	
		(0.342)	
常数项	-20.20***	-22.64***	-18.85***
	(2.776)	(3.107)	(2.886)
Wald 检验	10298.47	490.83	8752.43
	(0.000)	(0.000)	(0.000)
AR（2）检验	0.89	1.54	1.07
	(0.373)	(0.125)	(0.138)
Sargan 检验	62.55	52.59	66.93
	(0.007)	(0.046)	(0.003)
工具变量数	51	51	51
观测数量	80	80	80

	*TI*1 （1.2）	*TI*2 （1.4）	*TI*3 （1.6）
样本时间	10	10	10

注：*** p<0.01，** p<0.05，* p<0.1；变量回归结果下方括号中显示的是标准差；Wald 检验、AR（2）检验和 Sargan 检验括号中显示的是 P 值。

1. 预防型环境规制对海洋技术创新的影响

从表6-3可以看出，当期预防型环境规制对以总专利授权数量、发明型专利授权数量和模仿型专利授权数量为代理指标的三种类型技术创新均有显著的负向作用，影响系数分别为-1.486、-1.521 和-1.321。滞后一期的预防型环境规制对总专利授权数量有显著正向促进作用，对发明型专利授权数量影响不显著，对模仿型专利授权数量有显著反向作用。滞后二期预防型环境规制对总专利授权数量和模仿型专利数量有显著负向作用，对发明型专利数量没有显著影响。滞后三期的预防型环境规制对三种类型技术创新活动均有显著正向促进作用，而且影响强度超过滞后一期和滞后二期的预防型环境规制。

研究结果说明预防型环境规制对海洋技术创新具有动态非线性关系。当期预防型环境规制对技术创新活动有显著挤出效应。Kneller 等（2012）在研究中得到了相似的研究结果：环境规制对研发支出有显著挤出效应。技术创新通常始于政府或公司的研发投资活动，随后产生专利发明和创新（Rothwell，1992）。当期预防型环境规制对技术创新活动的挤出效应首先来自企业面临环境规制压力对资源要素的再配置过程，在可用资本固定的前提下，增加环境减轻、维护与治理支出，必然减少用于研发与创新的资本支出；同时有关环境的研发与创新过程也会对非环境研发创新产生挤出效应。Goulder 和 Schneider（1999）通过建立动态一般均衡模型证实增加一个部门的研发投资，将减少另一部门的研发投资，因为研发创新活动需要的知识资源具有稀缺性。

结合前期研究，环境规制执行成本产生的创新效应通常滞后1—2年（Lanjouw 等，1996；Jaffe and Palmer，1997；Hamamoto，2006；Yang，2012），而本研究结果显示创新引致效应和挤出效应相互作用，使预防型环境规制对海洋技术创新活动产生非线性正负向波动变化，预防型环境规制的海洋技术创新引致效应滞后 3 年左右。分析这种差别的主要原因在于前期研究主要集中于发达国家较为成熟的工业体系，而我国海洋产业体系相对处于初级发展阶段，信息不完全、组织和协调问题等更为突出；环境核算、环境审计等软性环境策略不完善，不能提供有力的环境创新信息基础，使得企业察觉环境创新潜在利益存在滞后；同时诸如制度效率、市场效率、经济发展水平、人力资本积累等因素的差距在一定程度上也阻碍了引致创新的产生。尽管引致创新效应滞后期有所差别，但是评估结果验证了预防型环境规制在中长期对海洋技术创新有显著促进作用，一定程度上证实了弱波特假说在海洋经济领域是有效的。

2. 控制型环境规制对海洋技术创新的影响

表 6-4 显示，当期控制型环境规制对总专利授权数量和模仿型专利授权数量有显著负向作用，控制型环境规制强度增加 1%，总专利授权数量减少 0.216%，模仿型专利授权数量减少 0.231%；对发明型专利数量没有显著性影响。滞后期控制型环境规制对总专利数量和发明专利数量均无显著性影响；滞后二期控制型环境规制对模仿型海洋技术创新有较小的显著性正向影响。

研究结果表明，相比预防型环境规制，控制型环境规制对海洋技术创新的影响作用较弱。这与多数前期相关研究结论一致。在现实经济中，为了鼓励企业增加环境治理支出，政府往往对购买环境控制设备或执行某种环保技术标准的企业给予税收减免，这就导致企业仅仅止于购买某种环保设备或技术，而放弃花费更高成本的环境控制技术研发与创新。与污染控制成本的支出不同，在环境治理、维护、监督和污染排放等方面的预防型费用支出则没有类似税收减免的福利，因此面对不断增加的预防型环境费用支出，企业更倾向于从事研发创新以应对新的环境规制要求。控制型环境规制对海洋技术创新的负向作用主要来自企业面对更严格的环境规制而进行的资源再配置过程，因为控制型环境规制对技术研发创新的激励作用较弱，仅对技术含量比较低的模仿型创新有一定促进作用，环境技术研发对非环境技术研发的挤出效应比较弱。

3. 控制变量对海洋技术创新的影响

市场化水平对海洋技术创新的作用不确定。以预防型环境治理支出作为环境规制强度指标进行评估［见表6-3中形式（1.1）、（1.3）和（1.5）］，市场化水平的平方项对海洋技术创新有显著正向作用，说明市场力与海洋技术创新间存在U形关系。当市场化水平较低时，具有较高产业集中度，企业规模比较大且具有垄断性的海洋产业，更容易产生寻租等现象，对海洋技术创新产生阻尼效应；当不断完善市场机制，提高市场化水平达到一定程度后，激烈的市场竞争加速产业的创新升级与重组，市场力将促进海洋技术创新活动的开展。以控制型环境治理支出作为环境规制强度指标进行评估［见表6-4中形式（1.2）、（1.4）和（1.6）］，市场化水平对海洋技术创新没有显著影响。

其他控制变量在五种评估中［除（1.5）］作用方向均表现出一致性。产业规模（$X2$）对海洋技术创新有显著促进作用。资本强度（$X3$）对海洋技术创新产生显著抑制作用，与前期预期相反，说明虽然长期以来海洋经济的快速发展依赖于资本驱动，但是海洋技术创新资本投入不足是制约海洋技术创新的重要因素（殷克东，2009）。开放度（$X4$）对海洋技术创新有显著抑制作用，与前期预期相反，这在一定程度上说明在全球海洋经济产业链中，中国海洋产业仍处于基础的低端链条环节，出口产业更多是基础型、资源型产业；进口产业多为技术密集型产业。对于不发达的海洋经济，技术能力的提高可以通过自主研发创新或是外部的技术进口，显然根据研究结果，目前海洋技术进口与研发创新存在显著的替代关系而不是互补关系，对于技术进口的过强依赖制约了产业自身研发创新的积极性。经济发展水平（$X5$）、人力资本规模（$X6$）对海洋技术创新有显著促进作用，与刘金林（2015）等学者研究结论相符。

第二节　环境规制对海洋技术创新的门槛效应

系统GMM评估结果显示，预防型环境规制对海洋技术创新的影响具有显著时滞性，是动态非线性的，那么是否预防型环境规制越强，引致创新效应越明显？控制型环境规制对海洋技术创新是否存在拐点效应，越过拐点后，控制型环境规制对海洋技术创新作用是否显著增强？GMM评估中的控制变量对海洋技术创新有显著影响，是否对环境规制产生的引致创新具有显著作用？江珂（2011）、沈能（2012）、张成（2015）、余东华等（2016）等学者研究了环境规制对技术创新的门槛效应，但这些研究仅着眼于环境规制与技术创新的静态变化，没有考虑两者间的动态反馈作用，忽略了模型的动态性和内生性。为了进一步分析上述问题，本书通过评估动态面板门槛模型，从强度维度分析环境规制与海洋技术创新间结构性作用关系。

一　计量模型与评估方法

门槛模型主要描述变量间的结构性变化关系。Hansen（1999）提出了适用于固定效应静态面板的门槛模型，并采用自举法检验门槛值的显著性。Hansen 测度与检验门槛效应的方法和思想在门槛效应文献中被广泛应用。Enders、Falk 和 Siklos（2007）发现 Hansen 采用的自举法过于保守，产生的置信区间过大，影响评估的有效性；Gonzalo 和 Wolf（2005），Andrews 和 Guggenberger（2009）等改进自举法验证门槛自回归模型（TAR）；Wang（2015）在 Hansen 的基础上，改进 LR 统计量重新构建置信区间，克服置信区间过大问题，提出了新的面板门槛模型。但是这些门槛模型仅适用于变量具有外生性的静态面板，而经济现象中更多的问题涉及变量间的非线性动态变化和内生性及反向因果等更为复杂的作用关系。Cimadomo（2012）利用两阶段程序评估和最大似然评估技术拓展 Hansen 模型应用于非线性动态面板；Dang 等（2012）、Baum 等（2013）、Afonso 等（2013）应用 GMM 评估方法评估内生性门槛变量值；Lof 等（2014）考虑变量间的反向因果关系；Alexander Chudik（2015）提出 ARDL（自回归分布滞后）形式的门槛模型，考虑门槛变量的内生性、动态异质性和变量间的双向因果关系。为了同时考虑门槛变量内生性和动态面板回归变量内生性问题，Seo 和 Shin（2016）在 Hansen（1999，2000）、Caner 和 Hansen（2004）研究基础上，发现无论回归方程是否连续，FD-GMM（基于一阶差分转换的广义矩阵法）估计量均渐进服从正态分布，提出 FD-GMM 可以有效解决动态面板门槛模型中的内生性问题，并利用 1973—1987 年英国 560 家公司的面板数据进行实证检验。

考虑到本书研究的环境规制与海洋技术创新间存在非线性动态变

化，并且环境规制作为解释变量具有内生性，要考察的环境规制门槛变量同样具有内生性，因此，本书参考 Seo 和 Shin（2016）、Vladimir Arčabić（2018）的评估模型，建立如下动态面板门槛模型。

$$TI_{it} = \alpha_i + \mu_t + (\beta_1 TI_{it-1} + \beta_2 ER_{it} + \varphi_n X_{it}^n)I(q_{it} \leq \gamma) + (\beta_{21}$$

$$TI_{it-1} + \beta_{22} ER_{it} + \varphi_{2n} X_{it}^n)I(q_{it} > \gamma) + \varepsilon_{it}(t = 2, \cdots, T) \qquad (6.7)$$

模型（6.7）中 $I(\cdot)$ 是指示函数，当 q_{it} 属于指示函数限定的集合时，$I(\cdot) = 1$，否则 $I(\cdot) = 0$。q_{it} 表示门槛变量，γ 是门槛参数；β_{21}、β_{22}、φ_{2n} 分别为门槛变量值大于门槛参数时解释变量 TI_{it-1}、ER_{it} 和 X_{it}^n 对应的评估参数。其余变量意义均与动态面板模型（6.1）中相同。在模型（6.7）的评估中，存在以下约束条件：

$$E(\varepsilon_{it} \mid y_{it-1}, \cdots, y_{i1}, \omega_{it-1}, \cdots, \omega_{i1}, \alpha_i = 0) \qquad (6.8)$$

$$E(\varepsilon_{it} ER_{it}) \neq 0 \qquad (6.9)$$

$$E(\varepsilon_{it} q_{it}) \neq 0 \qquad (6.10)$$

其中，变量 y_{it} 是因变量，ω_{it} 包括所有回归变量，ε_{it} 是随机干扰项。条件方程（6.8）表示在存在不可观测固定效应、因变量滞后变量的条件下，工具变量均为连续外生变量。同时，方程（6.8）也允许可能存在的反馈效应。方程（6.9）和方程（6.10）可以单独满足或是同时满足，即允许解释变量环境规制强度与门槛变量同时为内生变量。在本书的评估中，方程（6.9）是必需条件，但是方程（6.10）根据门槛变量的选择，可以满足条件约束是内生变量或是不满足条件约束是外生变量。

评估思路：为了与前期研究相比较，得到更为稳健的评估结果，本书采用固定效应评估法（FE）和基于一阶差分转换的广义矩阵法（FD-GMM）两种方法对模型进行评估，分别利用 FE 评估中均方误差（RMSE）最小，FD-GMM 评估中残差平方和（RSS）最小，通过栅格搜索获得门槛参数（γ）的最优评估值。然后检验门槛参数的显著性，检验原假设为模型不存在门槛效应；备择假设是存在门槛效应。构造如下统计量：

$$SupF = sup_{\gamma \in \mathcal{H}}[F_{NT}(\gamma)] \qquad (6.11)$$

式（6.11）中 $\mathcal{H}$ 代表门槛参数 γ 的容许集合。$F_{NT}(\gamma) =$

$\dfrac{(RSS_r - RSS_u)/r}{RSS_u/(n-s)}$；其中 RSS_r 表示原假设下不存在门槛效应的模型评估后的残差平方和；RSS_u 表示备择假设下存在门槛效应的模型的评估残差平方和；r 表示约束条件数量；n 表示可获得的观测数量（$n = NT$）；s 表示待估系数的数量。因为原假设下门槛值不被识别，所以标准的 F 统计量的分布不能通过卡方检验（Hansen, 2000），因此需要通过自举程序（bootstrap）估计 F 统计量的渐进分布，构造 P 值，进行显著性检验；同时构造门槛值置信区间，检验门槛值的真实性。最后通过检验似然比统计量确定门槛值的置信区间。

二　实证结果分析

在模型（6.7）中，以预防型环境规制指标作为沿海地区环境规制强度代理变量，分别以专利授权总数量、发明型专利授权数量和模仿型专利授权数量作为海洋技术创新代理变量，进行门槛效应回归，得到表6-5列出的评估结果。图6-5显示表6-5第（a）栏模型评估中 RMSE 和 RSS 的变化情况。

表 6-5　　　　　　　动态面板门槛效应评估结果（1）

评估方法	门槛变量					
	lnER1		lnX5		lnX6	
	FE	FD-GMM	FE	FD-GMM	FE	FD-GMM
（a）以专利授权总数量作为海洋技术创新代理变量						
门槛参数（γ）	2.611	2.630	10.886	10.593	6.494	6.902
β_1	-0.373	-0.464**	-0.761***	-1.431***	-1.386***	-1.249***
	(0.34)	(0.22)	(0.191)	(0.36)	(0.19)	(0.28)
β_{21}	0.362	0.845	-0.401**	-0.150*	-0.059*	-0.154*
	(2.29)	(3.27)	(0.195)	(0.23)	(0.13)	(0.19)
$\beta_1 = \beta_{21}$ （p-values）	0.750	0.689	0.004***	0.000***	0.000***	0.000***
（b）以发明专利授权总数量作为海洋技术创新代理变量						
门槛参数（γ）	2.630	2.630	10.315	10.498	6.845	6.845
β_1	-0.672***	-0.510	-1.043*	-1.119***	-1.579**	-1.197***
	(0.17)	(0.32)	(0.54)	(0.28)	(0.56)	(0.45)

续表

评估方法	门槛变量					
	lnER1		lnX5		lnX6	
	FE	FD-GMM	FE	FD-GMM	FE	FD-GMM
β_{21}	7.884**	1.507	−0.256	−0.363**	−0.268	0.020
	(2.72)	(5.02)	(0.17)	(0.14)	(0.18)	(0.30)
$\beta_1 = \beta_{21}$ (p-values)	0.011**	0.688	0.189	0.005***	0.025**	0.009***
(c) 以模仿型专利授权总数量作为海洋技术创新代理变量						
门槛参数（γ）	1.602	1.600	10.471	10.381	6.902	6.938
β_1	−0.263	−0.259	−1.772***	−1.499***	−1.718***	−0.875
	(0.26)	(0.52)	(0.32)	(0.53)	(0.26)	(0.70)
β_{21}	−1.718**	−1.449***	−0.098	0.479	0.043	0.484***
	(0.56)	(0.54)	(0.27)	(0.37)	(0.18)	(0.15)
$\beta_1 = \beta_{21}$ (p-values)	0.02**	0.059*	0.000***	0.000***	0.001***	0.001***

注：*** $p<0.01$，** $p<0.05$，* $p<0.1$；变量评估结果下方括号里的值为标准差。

从表6-5第（a）栏可以看出：预防型环境规制对海洋技术创新没有门槛效应。FE 和 FD-GMM 评估的门槛值 2.611 和 2.630 均未通过 P 值显著性检验。经济发展水平对预防型环境规制引致创新有显著门槛效应，而且考虑动态模型内生性得到的门槛值（10.593）低于固定效应门槛回归值（10.886）。具体而言，沿海地区人均 GDP 小于 39174 元（由 lnX5＝10.593 计算而得），预防型环境规制对海洋技术创新抑制系数为−1.431，当人均 GDP 大于 39174 元时，预防型环境规制对海洋技术创新抑制系数降低为−0.150，说明人均 GDP 大于这一门槛值时，经济发展水平显著促进预防型环境规制产生引致创新。

人力资本规模对预防型环境规制引致创新有显著门槛效应，而且考虑动态模型内生性得到的门槛值（6.902）高于固定效应门槛回归值（6.494）。当人力资本规模小于门槛值时，预防型环境规制对海洋技术创新抑制系数为−1.249，当人力资本规模大于门槛值时，预防型环境规制对海洋技术创新抑制系数降低为−0.154，说明人力资本规模大于门槛值后促进预防型环境规制对海洋技术创新的引致效应。

基于 2015 年沿海地区经济发展水平和人力资本规模数据，根据门

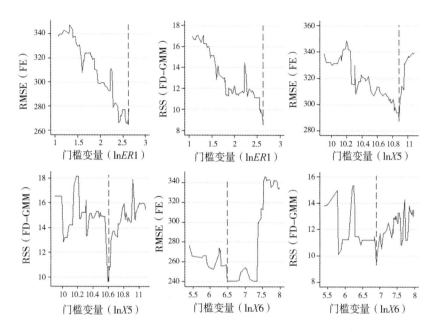

图6-5 模型（a）门槛参数的选择

注：模型中以专利授权总数量作为海洋技术创新代理变量，以预防型环境规指标 $ER1$ 作为环境规制代理变量。

槛评估结果，将沿海11个省份划分为低区制（即经济发展水平和人力资本规模均低于门槛值）和高区制（即经济发展水平和人力资本规模均高于门槛值）两组（见表6-6）。

表6-6　　　　　　　　门槛值及区域分布情况

区域类型	门槛值及区间	沿海省份
低区制	$\ln X5 < 10.539$ 且 $\ln X6 < 6.902$	河北、广西、海南
高区制	$\ln X5 \geq 10.539$ 且 $\ln X6 \geq 6.902$	天津、辽宁、山东、江苏、上海、浙江、福建、广东

从表6-6可以看出：河北、广西和海南经济发展水平和人力资本规模对预防型环境规制的引致创新效应发挥消极影响，阻碍了环境规制对海洋技术创新的引致作用；天津、辽宁、山东、江苏、上海、浙江、福建、广东等省市经济发展水平和人力资本规模对预防型环境规制的引致

创新效应发挥积极影响，促进了环境规制引致创新效应的增强。

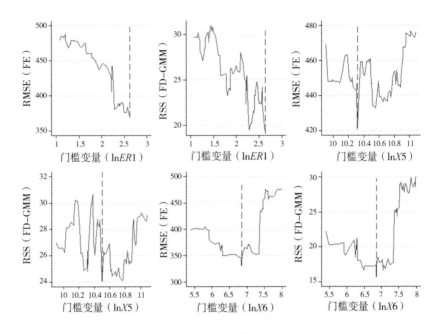

图 6-6　模型（b）门槛参数的选择

注：模型中以发明专利授权数量作为海洋技术创新代理变量，以预防型环境规指标 $ER1$ 作为环境规制代理变量。

　　图 6-6 显示表 6-5 第（b）栏模型评估中 RMSE 和 RSS 的变化情况。表 6-5（b）栏评估结果显示：忽略环境规制与技术创新动态双向作用关系时，预防型环境规制对发明专利授权数量有显著单门槛效应。当 $\ln ER1$ 门槛值低于 2.63 时，预防型环境规制对海洋发明专利授权数量的边际影响系数显著为负（-0.672），抑制发明专利类技术创新；当 $\ln ER1$ 门槛值高于 2.63 时，边际系数为正值（7.884），预防型环境规制促进发明专利型技术创新。这与沈能（2012）研究结果相符。但是，当考虑环境规制内生性及环境规制引致创新效应的动态性时，FD-GMM 门槛评估结果不显著，即预防型环境规制对发明专利型海洋技术创新没有显著门槛效应。

　　经济发展水平和人力资本规模对预防型环境规制引致海洋发明型技术创新有显著单门槛效应。当经济发展水平越过门槛值（10.498），预防型环境规制对发明专利型技术创新的边际影响系数由显著负值

-1.119降低为-0.363，正向促进预防型环境规制对发明专利型技术创新的引致效应；当人力资本规模越过门槛值（6.845），预防型环境规制对发明类技术创新的边际影响系数由显著负值（-1.197）转变为不显著的正值（0.020），说明正向促进预防型环境规制对发明类技术创新的引致效应。

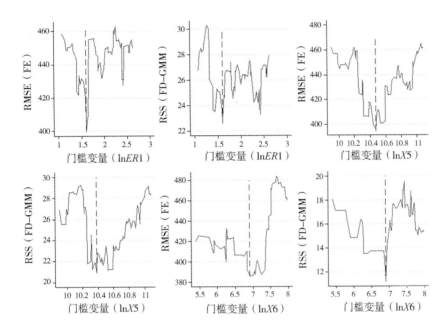

图6-7　模型（c）门槛参数的选择

注：模型中以模仿型专利授权数量作为海洋技术创新代理变量，以预防型环境规指标 ER1 作为环境规制代理变量。

图6-7 显示表6-5（c）栏模型评估中 RMSE 和 RSS 的变化情况。表6-5（c）栏显示：FE 和 FD-GMM 评估结果均表明预防型环境规制对模仿型专利授权数量有显著门槛效应，当预防型环境规制越过门槛值，环境规制对模仿型技术创新的边际系数均由不显著负值（-0.263 和-0.259）转变为显著负值（-1.178 和-1.449），说明越过门槛值的预防型环境规制对模仿型技术创新有显著挤出效应。2015 年越过这一门槛值的沿海省份主要有：天津、河北、辽宁和江苏，当海洋技术原始创新能力不足时，对模仿型技术创新的挤出会进一步抑制环境规制的引致创新效应。

　　经济发展水平和人力资本规模对预防型环境规制引致模仿类技术创新有显著门槛效应。当经济发展水平越过门槛值（10.381），预防型环境规制对海洋模仿专利型技术创新的边际影响系数由显著负值-1.499转变为不显著正值（0.479），正向促进预防型环境规制对模仿型技术创新的引致效应；当人力资本规模越过门槛值（6.938），预防型环境规制对模仿型技术创新的边际影响系数由不显著正值（-0.875）转变为显著正值（0.484），正向促进预防型环境规制对模仿型技术创新的引致效应。

　　在模型（6.7）中，以控制型环境规制指标作为沿海地区环境规制强度代理变量，分别以专利授权总数量、发明型专利授权数量和模仿型专利授权数量作为海洋技术创新代理变量，进行门槛效应回归，得到表6-7列出的评估结果。图6-8显示表6-7（d）栏和（f）栏显著门槛变量参数选择变化情况。

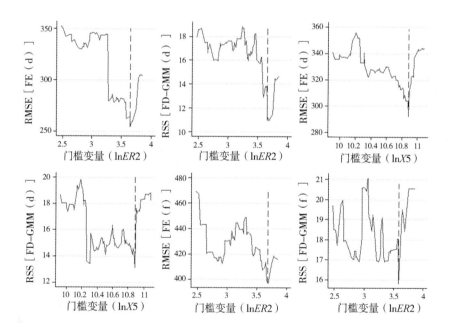

图6-8　模型（d）和（f）门槛参数的选择

　　注：模型（d）中以专利授权总数量作为海洋技术创新代理变量，以控制型环境规制指标 ER1 作为环境规制代理变量；模型（f）中以模仿型专利授权数量作为海洋技术创新代理变量，以控制型环境规制指标 ER1 作为环境规制代理变量。

表 6-7　　　　　　　　　　动态面板门槛效应评估结果（2）

评估方法	门槛变量					
	lnER2		lnX5		lnX6	
	FE	FD-GMM	FE	FD-GMM	FE	FD-GMM
（d）以专利授权总数量作为海洋技术创新代理变量						
门槛参数（γ）	3.654	3.626	10.886	10.886	6.096	6.494
β_1	-0.040	-0.213**	0.045	-1.104***	-0.204	-0.021
	(0.08)	(0.09)	(0.09)	(0.35)	(0.14)	(0.05)
β_{21}	0.241	-1.038***	-0.151	-0.152***	0.023	-0.188**
	(0.38)	(0.32)	(0.19)	(0.05)	(0.14)	(0.09)
$\beta_1 = \beta_{21}$ (p-values)	0.474	0.018**	0.362	0.011**	0.290	0.112
（e）以发明型专利授权总数量作为海洋技术创新代理变量						
门槛参数（γ）	3.665	3.657	10.323	10.498	6.254	6.306
β_1	-0.120	-0.334***	-0.010	-0.434	-0.204**	0.006
	(0.12)	(0.11)	(0.14)	(0.54)	(0.09)	(0.18)
β_{21}	-0.046	-0.169	0.026	-0.217**	-0.032	0.252
	(0.38)	(0.32)	(0.22)	(0.09)	(0.20)	(0.19)
$\beta_1 = \beta_{21}$ (p-values)	0.842	0.501	0.875	0.636	0.496	0.354
（f）以模仿型专利授权总数量作为海洋技术创新代理变量						
门槛参数（γ）	3.686	3.585	10.307	10.307	5.881	5.881
β_1	-0.005	-0.022	-0.052	-0.115	0.035	0.263**
	(0.10)	(0.10)	(0.17)	(0.23)	(0.06)	(0.13)
β_{21}	0.397	3.836**	-0.406	-0.378**	-0.202	0.157
	(0.75)	(1.87)	(0.31)	(0.19)	(0.21)	(0.25)
$\beta_1 = \beta_{21}$ (p-values)	0.609	0.046**	0.319	0.358	0.228	0.373

注：*** $p<0.01$，** $p<0.05$，* $p<0.1$；变量评估结果下方括号里的值为标准差。

从表6-7（d）栏评估结果可以看出：控制型环境规制强度和经济发展水平对引致海洋技术创新有显著门槛效应。当控制型环境规制强度越过门槛值3.626，控制型环境规制对海洋技术创新的边际影响由显著负值（-0.213）转变为显著负值（-1.038），控制型环境规制对海洋技术创新的挤出抑制作用显著增强；当经济发展水平越过门槛值

10.886，控制型环境规制对海洋技术创新的边际影响系数由显著负值
（-1.104）转变为显著负值（-0.152），说明越过门槛值的经济发展水
平促进控制型环境规制的引致创新效应，缓解了控制型环境规制对海洋
技术创新的抑制作用。人力资本规模门槛效应不显著。

表6-7（e）栏评估结果显示控制型环境规制强度、经济发展水平
和人力资本规模对控制型环境规制引致发明专利型海洋技术创新均没有
显著门槛效应。

表6-7（f）栏评估结果则显示控制型环境规制强度对控制型环境
规制引致模仿型专利海洋技术创新有显著门槛效应。当控制型环境规制
强度越过门槛值（3.585），控制型环境规制对模仿型海洋技术创新的
边际影响系数由不显著负值（-0.022）转变为显著正值（3.836），说
明越过门槛的控制型环境规制强度显著促进自身对模仿型技术创新的引
致效应。

第三节　本章小结

本书基于2006—2015年中国沿海11个省份的动态面板数据，通过
动态系统 GMM 和门槛回归评估，从水平时间和垂直强度两个维度分析
了沿海地区不同类型环境规制对不同类型海洋技术创新的作用关系。主
要研究结论如下：

（1）预防型环境规制对海洋技术创新的影响在时间维度上呈现 U
形关系，短期内具有显著负向挤出效应，中长期则正向引致效应显著
（正向引致滞后期3年），这与弱波特假说相符。控制型环境规制对海
洋技术创新具有显著短期效应，呈现负向挤出作用，其中仅对技术含量
较低的模仿型技术创新产生中长期正向促进作用，对技术含量较高的发
明专利型技术创新没有显著中长期影响。这与 Jaffe 等（2002）、Arimura
（2005）等学者的研究结论一致，基于市场的环境规制工具，比如可交
易许可证、污染费等，随着时间的推移比命令控制型工具具有更明显的
正向作用。

（2）在强度维度上，不同类型环境规制对海洋技术创新的影响具
有显著差异，而且对不同类型海洋技术创新的引致效应也具有明显异质

性。预防型环境规制对引致海洋技术创新没有显著门槛效应。控制型环境规制存在显著折线型的门槛效应，表现为对海洋技术创新的引致效应较弱，负向挤出效应明显，并且随着控制型环境规制强度的增加，负向挤出作用有增加趋势。预防型环境规制和控制型环境规制对发明专利型海洋技术创新没有显著门槛效应，说明控制其他影响因素，仅通过增加环境规制强度不能显著提高海洋技术的原始创新能力。但是对模仿型海洋技术创新的影响，两种类型环境规制均表现出显著门槛效应，且作用方向相反：随着预防型环境规制强度的增加，抑制挤出模仿型海洋技术创新的程度有所增加；而随着控制型环境规制强度的增加，呈现显著促进模仿型海洋技术创新的趋势。这也说明不同技术创新指标对环境规制机会成本的影响存在差异（刘海英，2017）。

（3）经济发展水平和人力资本规模是影响环境规制引致海洋技术创新效应的重要经济变量，在影响过程中存在显著的关键点。这与余东华（2016）结论一致，认为环境规制产生引致创新的过程中存在若干关键点，只有当重要区域经济变量跨越这些关键点时，引致创新才能有效产生。

第七章　环境规制对海洋经济增长的影响

　　前面章节已经对相关理论基础和研究文献进行了梳理和评述，本章将利用面板数据对强波特假说即环境规制对生产率的影响进行实证检验：首先，构建包含期望产出和非期望产出的环境生产模型，在生产模型框架下测算海洋经济绿色全要素生产率增长指标——Malmquist-Luenberger 生产指数（简称"ML 指数"），以全要素生产率作为衡量经济增长的主要指标，分析中国海洋经济增长与环境规制强度变化趋势与变化特征；探究环境规制强度对海洋经济增长影响的变化特征和区域异质性表现。其次，围绕沿海省份海洋绿色生产率增长差异，检验海洋绿色生产率增长是否存在绝对收敛、条件收敛现象，考察了环境规制强度和工具形式的区域差异对绿色生产率增长收敛的影响，并对环境规制政策的调整进行简要分析。

第一节　环境规制影响海洋经济生产率的经验考察

　　传统生产框架中，研究者主要研究环境规制与期望产出变化的关系。但是随着环境问题的日益恶化及经济发展面临的瓶颈约束，学者们逐渐意识到，在传统生产框架下测量的生产率增长忽略了非期望产出，产生了有偏估计。自 20 世纪 80 年代，大量文献开始研究包括期望产出和非期望产出的生产效率和全要素生产率。Chambers、Chung 和 Färe（1996）提出基于方向性距离函数的环境规制行为分析模型，通过假定产出方向，既确保具有负外部性的非期望产出减少，同时又增加期望产出。本书遵循方向性距离函数框架下的环境规制行为分析模型，借鉴 Färe 等（2007b），将同时考虑期望产出和环境非期望产出的生产技术界定为环境生产技术。

假定所有决策单元，通过投入矢量 $x \in R_+^M$，生产产出包括期望产出（好产出），矢量为 $y \in R_+^M$，非期望产出（坏产出），矢量为 $b \in R_+^M$。对于投入 x，$P(x)$ 为可行性产出集合，包含期望产出和非期望产出的所有组合。

$$P(x) = \{(y, b): x \text{生产}(y, b)\}, \quad x \in R_+^M$$

对于任一矢量 x，产出集合 $P(x)$ 包含好产出与坏产出。在模型中，假定好产出与坏产出 (y, b) 一起具有弱处置性［弱处置性概念由谢泼德（Shephard，1970）引入，表示所有期望产出与非期望产出按比例缩减］，即减少非期望产出是有成本的，如果减少非期望产出必须放弃一部分期望产出。在这一生产框架下的环境生产技术需要满足以下性质：

性质1. 对于所有 $x \in R_+^N$，$\{0\} \in P(x)$。说明对于环境生产模型中的生产单元，不生产总是可能的。

性质2. $P(x)$ 是紧集，$x \in R_+^N$，表示有限的投入只能生产有限的产出。

性质3. 如果 $x' \geq x$，$P(x') \supseteq P(x)$，表示投入是自由处置的。

除此之外，环境技术还必须满足两个环境公理，即弱、强处置性和零结合公理。

性质4a. （弱处置性）：$(y, b) \in P(x)$ 且 $0 \leq \theta \leq 1$；即 $(\theta y, \theta b) \in P(x)$。如果投入 x 可以生产 (y, b)，那么以 θ 同比例减少产出仍然是可行的。这一公理与强处置性相比较：

性质4b. （强处置性）：$(y, b) \in P(x)$ 且 $(y', b') \leq (y, b)$，则 $(y', b') \in P(x)$。这一假定条件允许期望产出与非期望产出的不同比例减少，可以没有成本的处置产出。但是因为环境规制的存在，这只适用于期望产出；如果环境规制不存在，那非期望产出可以自由处置。这一假定条件可以看作不受环境规制约束的生产技术条件。

性质5. （零结合公理）：$(y, b) \in P(x)$ 且 $b = 0$ 则 $y = 0$。这一公理表明，非期望产出是期望产出的副产品。

性质6. $(y, b) \in P(x)$ 且 $y' \leq y$；即 $(y', b) \in P(x)$。这一性质表示环境技术假定期望产出可以自由处置，并且期望产出与非期望产出联合在一起是弱处置的。可以通过产出集合 $P(x)$ 具体描述环境生产技术（见图7-1）。

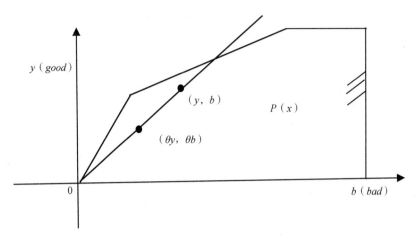

图 7-1　环境生产技术

图 7-1 中的环境生产技术符合两个环境公理。首先对于集合 $P(x)$ 中任何观测到的 (y, b)，其比例缩减 $(\theta y, \theta b)$ 也在集合中。同时，期望产出坐标轴与集合 $P(x)$ 的唯一结合点是原点，产出具有零结合性，非期望产出 b 是期望产出 y 的副产品。

一　环境生产模型的构建

1. 建立环境生产函数

如果用函数形式表示满足上述条件的环境生产技术，得到环境生产函数 $F(x; b) = \max\{y: (y, b) \in P(x)\}$。因为 $P(x)$ 是紧集（因为性质 2），所以环境生产函数是存在的，而且是单调非减的（因为性质 3）。两个环境公理隐含 $F(x; b)$ 符合以下条件：

如果 $y \leqslant F(x; b)$ 且 $0 \leqslant \theta \leqslant 1$，那么 $\theta y \leqslant F(x; \theta b)$ 且 $F(x; 0) = 0$。

假定 x^0 和 b^0 一定的条件下，$F(x^0; b^0)$ 是期望产出的最大可行性产出，见图 7-2 中的 f 点。依据性质 6，期望产出可以自由处置，当 $y \leqslant F(x; b)$ 时，y 是可行的。因此产出集合可以表示为：$P(x) = \{(y, b): y \leqslant F(x; b)\}$。

环境生产函数可以推广到更一般的形式：假定有 $k = 1, \cdots K$ 个决策单元，即有 K 组投入产出组合，(y^k, b^k, x^k)，$k = 1, \cdots K$。有 n 种

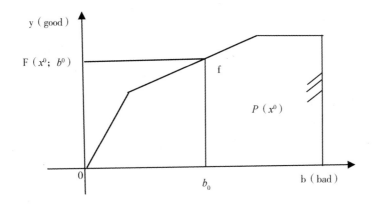

图 7-2　环境生产函数

投入要素，有 j 种非期望产出。当非期望产出受环境规制约束时，对于第 k' 组观测，环境生产函数可以表示为：

$$F(x^{k'};\ b^{k'}) = \max \sum_{k=1}^{K} z_k\, y_k$$

$$s.t. \sum_{k=1}^{K} z_k\, b_{kj} = b_{k'j}\, j = 1,\ \cdots,\ J$$

$$\sum_{k=1}^{K} z_k\, x_{kn} \leqslant x_{k'n}\, n = 1,\ \cdots,\ N$$

$$\sum_{k=1}^{K} z_k \geqslant 0\ k = 1,\ \cdots,\ K, \tag{7.1}$$

其中，$z_k(k = 1,\ \cdots K)$ 是强度变量，表示构建生产集合（或是生产前沿）时分配给各个观测单元的权重。未对 z_k 的和施加额外约束，表示模型中假定规模报酬不变。对非期望产出的等式约束条件表示非期望产出的弱处置性，期望产出与非期望产出共同按比例缩减。线性规划问题中的第二个约束条件表示理论上有效率的生产者利用的投入总数量要小于或是等于生产者利用投入的实际数量，投入是自由处置的。

此外，假定 $\qquad \sum_{j=1}^{J} b_{kj} > 0,\ k = 1,\ \cdots K,$ $\qquad(7.2)$

$$\sum_{k=1}^{K} b_{kj} > 0,\ j = 1,\ \cdots J \tag{7.3}$$

式（7.2）表示对于每一个决策单元，至少有一种非期望产出不为零；式（7.3）表示对每一种非期望产出，至少有一个决策单元的值不为零。这一假定条件保证了零结合公理的成立。如果 $b_{k'j} = 0$，$j = 1$，$\cdots$，J，那么所有的 $z_k = 0$，而且 $F(x^{k'}; 0) = 0$，即此时没有产出。Färe 和 Grosskopf（1997）指出固定规模收益是测定生产率指数的必要条件。用公式表示如下：

$$F(\lambda x; b) = \lambda F(x; \lambda b)，\lambda > 0 \tag{7.4}$$

或者是

$$P(\lambda x) = \lambda P(x)，\lambda > 0 \tag{7.5}$$

2. 环境规制的机会成本

环境生产函数的缺点是不能表示非期望产出的减少，仅仅追求期望产出的最大化。为了保证在最大化期望产出的同时减少非期望产出，引入方向性产出距离函数（见图7-3）。假定 $g = (g_y, g_b)$ 作为方向矢量，其中 $g_y \in R_+^M$，$g_b \in R_+^J$。假定沿着 g_y 方向增加期望产出，沿着 g_b 方向减少非期望产出。这样，通过方向矢量的选择，表示了期望产出与非期望产出的不对称性（Chambers et al.，1998）。图7-3显示了环境方向性产出距离函数。x 生产出 (y, b)，$(y, b) \in P(x)$。方向矢量 (g_y, g_b) 引导期望产出增加和非期望产出减少的变化方向。β 是能够使得 $(y + \beta g_y, b - \beta g_b)$ 是可行产出的最大值。在这种条件下，期望产出与非期望产出被不平衡处理。假定投入不变的条件下，β 是期望产出沿 g_y 矢量增加的最大可行性程度，是非期望产出沿 g_b 矢量缩减的最大可行性程度。β 值没有标度，当 $\beta = 0$ 时表示决策单元是有效率的，β 值随着无效率的产生而逐渐增加。在图7-3中当 $\beta^* = \overline{D}_0(x, y; g_y, g_b)$，$(y + \beta^* g_y, b - \beta^* g_b)$ 则在生产前沿面上。

t 时期受环境规制约束的方向性产出距离函数可以表示为以下形式：

$$\vec{D}_0^t(x^{t, k'}, y^{t, k'}, b^{t, k'}; g_y^t, g_b^t) = \max\beta$$

$$s.t. \sum_{k=1}^{K} z_k^t y_{mk}^t \geq y_{mk'}^t + \beta g_{ym}^t\ m = 1, \cdots, M$$

$$\sum_{k=1}^{K} z_k^t b_{jk}^t = b_{jk'}^t - \beta g_{bj}^t\ j = 1, \cdots I$$

$$\sum_{k=1}^{K} z_k^t x_{nk}^t \leq x_{nk'}^t\ n = 1, \cdots, N$$

$$z_k^t \geq 0\ k = 1, \cdots, K \tag{7.6}$$

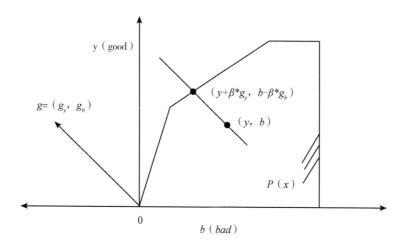

图7-3　环境方向性产出距离函数

如果假定只有一种期望产出，同时指定 $g_b = 0$，$g_y = 1$，那么将得到：$\vec{D}_0(x, 0, b; 1, 0) - y = F(x; b) - y$。在这种情况下，$\vec{D}_0(x, 0, b; 1, 0)$ 就是环境生产函数，可以看出，环境生产函数是环境方向性距离函数的特例。

为了评估环境规制的机会成本，需要建立不受环境规制约束的生产技术。根据 Färe 等（2003）的方法，通过测量环境生产函数或是环境方向性距离函数评估得到的环境治理活动的机会成本，是不受规制约束的生产技术和受规制约束生产技术条件下得到的期望产出的差值。强可处置性假定可以构建没有环境规制约束的虚拟生产情景：所有产出，包括期望产出和非期望产出，都可以自由处置。当不受环境规制约束时，式（7.6）可以改写成以下形式，得到强处置性假定下的环境生产函数。

$$FU(x^{k'}; b^{k'}) = \max \sum_{k=1}^{K} z_k y_k$$

$$s.t. \sum_{k=1}^{K} z_k b_{kj} \geqslant b_{k'j} \, j = 1, \cdots, J$$

$$\sum_{k=1}^{K} z_k x_{kn} \leqslant x_{k'n} \, n = 1, \cdots, N$$

$$\sum_{k=1}^{K} z_k \geqslant 0 \ k = 1, \ \cdots, \ K, \tag{7.7}$$

式（7.1）与式（7.7）的区别在于式（7.7）对非期望产出施加了自由处置约束条件。t 时期未受环境规制的方向性距离函数为：

$$\vec{DU}_0^t(x^{t,k'}, \ y^{t,k'}, \ b^{t,k'}; \ g_y^t, \ g_b^t) = \ \max\beta$$

$$s.t. \sum_{k=1}^{K} z_k^t \, y_{mk}^t \geqslant y_{mk'}^t + \beta \, g_{ym}^t m = 1, \ \cdots, \ M$$

$$\sum_{k=1}^{K} z_k^t \, b_{jk}^t \geqslant b_{jk'}^t - \beta \, g_{bj}^t \, j = 1, \ \cdots I$$

$$\sum_{k=1}^{K} z_k^t \, x_{nk}^t \leqslant x_{nk'}^t \ n = 1, \ \cdots, \ N$$

$$z_k^t \geqslant 0 \ k = 1, \ \cdots, \ K \tag{7.8}$$

其中目标函数表示同时同等程度的增加期望产出和减少非期望产出。对于可行性产出矢量，$\vec{D} U_0(x^{t, \ k'}, \ y^{t, \ k'}, \ b^{t, \ k'}; \ g_y^t, \ g_b^t) \geqslant 0$；当 $\vec{D} U_0(x^{t, \ k'}, \ y^{t, \ k'}, \ b^{t, \ k'}; \ g_y^t, \ g_b^t) = \ 0$ 表示观测矢量 $(y^{t, \ k'}, \ b^{t, \ k'})$ 在生产可能性边界上，此时是技术有效率的。因此目标函数的正值表示了决策单元的非效率程度。

利用（7.1）和（7.7）式的环境生产函数可以定义环境规制机会成本（PAC），即由于环境治理活动造成的期望产出损失。

$$PAC = \ FU(x^{k'}; \ b^{k'}) - F(x^{k'}; \ b^{k'}) \tag{7.9}$$

（7.1）式和（7.7）式中，线性规划约束右边是观测单元 k' 投入产出的观测值；左边是样本中所有观测单元 K 投入产出观测值。基于第 k' 个决策单元投入数量和非期望产出数量，线性规划的目标函数计算了最大期望产出。因此式（7.9）表达的环境规制成本就是不受规制和受规制两种条件下期望产出的差值，即因为非期望产出不能自由处置，期望产出减少的差额。

环境生产函数是环境方向性距离函数的特殊形式，因此可以用方向性距离函数表示环境规制机会成本（PAC）。由此利用式（7.6）与式（7.8）得到环境规制机会成本（$\vec{DPAC}$）的一般表达式。

$$\vec{DPAC} = \ \vec{D} U_0(x^{t, \ k'}, \ y^{t, \ k'}, \ b^{t, \ k'}; \ g_y^t, \ g_b^t) - \vec{D}_0(x^{t, \ k'}, \ y^{t, \ k'}, \ b^{t, \ k'};$$

$$g_y^t, \ g_b^t) \tag{7.10}$$

式（7.10）中，当 $g_{y_m} = g_{b_j} = 1$ 时表示环境方向性距离函数，当 $g_{y_m} = 1$，$g_{b_j} = 0$ 时，表示环境生产函数。

二　ML 生产指数与方向性距离函数

既然需要利用考虑环境问题的绿色全要素生产率增长率表征经济增长情况，那么对于这一指标的测算变得至关重要。Caves 等（1982）构造了 Malmquist 生产指数（MPI）测量全要素生产率增长；Färe 等（1989）进一步将 MPI 拓展为两期 Malmquist 生产指数的几何平均，同时将生产率变化分解为效率变化和技术变化。

为了将环境污染纳入经济增长核算框架，Chung 等（1997）构建了包含非期望产出的 Malmquist-Luenberger（ML）生产指数，更真实地反映生产率变化。ML 生产指数不需要任何价格信息，通过方向性距离函数保证了期望产出的扩张和非期望产出同等程度的缩减。ML 指数可以将生产率分解为技术效率变化指数（EFFCH）和技术变化指数（TECH）：ML=EFFCH×TECH。效率变化部分测量的是对生产集合前沿面的追赶，技术变化部分测量的是不同时期生产前沿面的变化。参照 Färe 等（2001）具体表达式如下：

$$ML_t^{t+1} = \left[ML^t \times ML^{t+1} \right]^{\frac{1}{2}} \qquad (7.11)$$

$$ML_t^{t+1} = \left\{ \frac{[1 + \vec{D}_0^{t+1}(x^t, y^t, b^t; g^t)]}{[1 + \vec{D}_0^{t+1}(x^{t+1}, y^{t+1}, b^{t+1}; g^{t+1})]} \times \right.$$

$$\left. \frac{[1 + \vec{D}_0^t(x^t, y^t, b^t; g^t)]}{[1 + \vec{D}_0^t(x^{t+1}, y^{t+1}, b^{t+1}; g^{t+1})]} \right\}^{\frac{1}{2}} \qquad (7.12)$$

$$ML_t^{t+1} = MLEFFECT_t^{t+1} \times MLTECH_t^{t+1} \qquad (7.13)$$

$$MLEFFECT_t^{t+1} = \frac{1 + \vec{D}_0^t(x^t, y^t, b^t; g^t)}{[1 + \vec{D}_0^{t+1}(x^{t+1}, y^{t+1}, b^{t+1}; g^{t+1})]} \qquad (7.14)$$

$$MLTECH_t^{t+1} = \left\{ \frac{[1 + \vec{D}_0^{t+1}(x^t, y^t, b^t; g^t)]}{[1 + \vec{D}_0^t(x^t, y^t, b^t; g^t)]} \times \right.$$

$$\left. \frac{[1 + \vec{D}_0^{t+1}(x^{t+1}, y^{t+1}, b^{t+1}; g^{t+1})]}{[1 + \vec{D}_0^t(x^{t+1}, y^{t+1}, b^{t+1}; g^{t+1})]} \right\}^{\frac{1}{2}} \qquad (7.15)$$

式（7.13）中，当测算结果 $ML_t^{t+1} = 1$，说明两期生产率没有显著变化。但是在这种情况下，效率变化指数和技术变化指数未必等于1。当 $ML_t^{t+1} > 1$ 时，说明生产率得到改善；当 $ML_t^{t+1} < 1$ 时，说明生产率减少。

式（7.14）测算的是两期产出效率的变化，表示对生产前沿追赶程度的变化。如果 $MLEFFECT_t^{t+1} > 1$，表示与 t 期相比，第 $t+1$ 期时的决策单元更接近生产技术前沿，即随时间效率提高，无效率程度得到改善，表示技术追赶过程；如果 $MLEFFECT_t^{t+1} < 1$，说明与 t 期相比，第 $t+1$ 期时的决策单元更加远离生产技术前沿，即随时间无效率程度增加；如果 $MLEFFECT_t^{t+1} = 1$，两期内决策单元距离生产前沿的程度相同，即效率未发生变化。

式（7.15）测算了两期生产技术前沿移动的几何平均值，表示联合生产中（期望产出与非期望产出联合生产）的技术变化情况。如果 $MLTECH_t^{t+1} > 1$，说明生产可能性边界在更多期望产出、更少非期望产出的方向上向前移动，出现技术进步。如果 $MLTECH_t^{t+1} = 1$，说明生产可能性边界未发生变化；如果 $MLTECH_t^{t+1} < 1$，说明生产可能性边界朝着减少期望产出增加非期望产出方向上移动，出现技术衰退。

同期方向性距离函数可以通过解决线性规划计算而得，具体形式见式（7.6）。在 ML 指数计算中还需要解决跨期混合方向性距离函数 $\vec{D}_0^{t+1}(x^t, y^t, b^t; g^t)$ 和 $\vec{D}_0^t(x^{t+1}, y^{t+1}, b^{t+1}; g^{t+1})$，前者表示以 $t+1$ 期生产技术前沿为技术参照，t 期决策单元投入产出观测情况的距离函数；后者表示以 t 期生产技术前沿为技术参照，$t+1$ 期决策单元观测情况的距离函数，表示成线性规划问题如下：

基于 $t+1$ 时期的生产技术，第 k' 个观测单元 t 时期距离：

$$\vec{D}_0^{t+1}(x^{t,\,k'}, y^{t,\,k'}, b^{t,\,k'}; g_y^t, g_b^t) = \max\beta$$

$$s.t. \sum_{k=1}^K z_k^{t+1} y_{mk}^{t+1} \geq y_{mk'}^t + \beta g_{ym}^t \quad m = 1, \cdots, M$$

$$\sum_{k=1}^K z_k^{t+1} b_{jk}^{t+1} = b_{jk'}^t - \beta g_{bj}^t \quad j = 1, \cdots J$$

$$\sum_{k=1}^K z_k^{t+1} x_{nk}^{t+1} \leq x_{nk'}^t \quad n = 1, \cdots, N$$

$$z_k^{t+1} \geqslant 0 \quad k = 1, \cdots, K \qquad (7.16)$$

基于 t 时期的生产技术，第 k' 个观测单元 $t + 1$ 时期：

$$\vec{D}_0^t(x^{t+1, k'}, y^{t+1, k'}, b^{t+1, k'}; g_y^{t+1}, g_b^{t+1}) = \max\beta$$

$$s.t. \sum_{k=1}^K z_k^t y_{mk}^t \geqslant y_{mk'}^{t+1} + \beta g_{ym}^{t+1} \quad m = 1, \cdots, M$$

$$\sum_{k=1}^K z_k^t b_{jk}^t = b_{jk'}^{t+1} - \beta g_{bj}^{t+1} \quad j = 1, \cdots J$$

$$\sum_{k=1}^K z_k^t x_{nk}^t \leqslant x_{nk'}^{t+1} \quad n = 1, \cdots, N$$

$$z_k^t \geqslant 0 \quad k = 1, \cdots, K \qquad (7.17)$$

在本章研究中，将对比分析不受环境规制约束与受到环境规制约束两种不同情况下全要素生产率的变化特征。具体来说：

情况一：在弱处置性假定条件下，生产活动受环境规制约束，方向矢量 $(g_y, g_b) = (1, 1)$，通过式（7.6）模拟生产过程。利用式（7.16）和式（7.17）计算混合方向性距离函数。

情况二：在强处置性假定下，生产活动尽管产出非期望产出，但不受环境规制约束，可以自由处置非期望产出，此时方向矢量 $(g_y, g_b) = (1, 0)$，通过（7.8）式模拟生产过程。此时，计算混合方向性距离函数时，将式（7.16）和式（7.17）中非期望产出的约束等式转换为以下不等式约束：

$$\sum_{k=1}^K z_k^t b_{jk}^t \geqslant b_{jk'}^{t+1} \quad j = 1, \cdots J \qquad (7.18)$$

上式表示对非期望产出的自由处置。

三　数据说明与描述性统计

1. 数据说明与变量选择

本书在研究中非期望产出即环境污染产出，用对环境污染进行弱处置假定的 ML 生产指数衡量绿色全要素生产率，记为 WML；用对环境污染进行强处置性假定的 ML 生产指数衡量忽略环境污染的传统全要素生产率，记为 SML。这里需要强调，ML 生产指数与 SML 生产指数的区别在于前者忽略了非期望产出的副产品公理，即不仅无视环境污染，而且否定了生产期望产出过程中产生非期望产出，在计算 ML 生产指数时只有一种产出——期望产出。

在构建的生产技术框架中，要考察的决策单元是沿海地区 11 省份，同时包括环渤海（天津、河北、辽宁、山东）、长三角（上海、江苏、浙江）和泛珠三角（福建、广东、广西、海南）三个沿海主要经济区。生产过程中有两个投入变量：海洋固定资本存量和劳动力存量；产出期望产出和非期望产出。

数据来源于 2006—2015 年《中国海洋统计年鉴》和《中国统计年鉴》。相关数据作如下说明：

期望产出为决策单元历年海洋生产总值（GOP），单位亿元，记为 y。海洋经济生产总值均按 2006 年价格折算，来源于《中国海洋统计年鉴》，GOP 平减指数采用 GDP 平减指数，来源于历年《中国统计年鉴》。海洋固定资本存量 k_{it} 由永续盘存法计算可得。在本章研究中计算出的海洋固定资本存量 k_{it} 作为投入要素之一记为 x_1。另一投入要素劳动力存量记为 x_2，为历年沿海省份涉海就业人数，单位万人，来源于《中国海洋统计年鉴》。非期望产出为涉海工业 SO_2 排放量，单位万吨，记为 b。数据来源于历年《中国海洋统计年鉴》中沿海省份的工业 SO_2 排放量，利用海洋 GOP 占地区经济 GDP 比重作为权重系数，得到海洋工业 SO_2 排放量。

2. 描述性统计

表 7-1 中显示了所有变量的描述性统计信息。可以看出，所有变量的均值显著大于中位数，说明所有变量的分布均是右偏的，即大部分观测区域集中分布于左侧。

表 7-1 方向性距离函数主要变量描述性统计

变量	均值	方差	最小值	中位数	最大值
海洋资本存量（亿元）	16094	23996	184.9	8791	160000
劳动力存量（万人）	666.1	814.5	81.50	394.1	3568
GOP（亿元）	7462	9647	300.7	4161	55513
SO_2 排放量（万吨）	21.79	27.23	0.600	10.52	132.3

表 7-2 显示了考察地区投入产出变量 2006—2015 年年均值和年均增长率（这里计算的是复合年均增长率）。全国海洋生产总值的年平均

值为 114193.30 亿元。在沿海 11 个省份中，广东海洋 GOP 平均值最高，为 19778.38 亿元，其次为山东（17443.60 亿元）和上海（12571.48 亿元）；海洋 GOP 规模最小的是海南（996.32 亿元）。全国海洋 GOP 年均增长率为 11.28%。在沿海 11 个省份中，江苏海洋 GOP 年均增长率最高，达到 15.96%，其次是福建（14.17%）、天津（13.5%）、山东（12.93%）、广东（12.86%）、广西（12.76%）和浙江（11.71%），均超过全国平均增长水平；上海海洋 GOP 年均增长率最低，仅为 4.70%，河北、辽宁、海南海洋 GOP 增速也较慢，均低于全国平均水平。

表 7-2　　　　　　2006—2015 年沿海地区主要变量年均增长率

地区	海洋固定资本存量		涉海劳动力		海洋 GOP		SO₂ 排放量	
	总量（亿元）	增长率（%）	总量（亿元）	增长率（%）	总量（亿元）	增长率（%）	总量（万吨）	增长率（%）
天津	13385.57	30.85	298.50	2.17	6230.09	13.50	7.74	-4.96
河北	7413.97	27.91	152.14	2.16	2836.01	6.44	9.82	-7.99
辽宁	18951.41	25.31	588.52	2.16	5345.42	7.31	19.16	-2.29
上海	27650.36	7.54	364.97	2.16	12571.48	4.70	8.26	-16.57
江苏	12411.65	36.28	331.41	2.16	7039.00	15.96	9.92	-0.64
浙江	15422.70	26.28	793.18	2.16	8227.97	11.71	11.15	-3.15
福建	15748.80	33.71	804.54	2.16	7950.29	14.17	11.87	-1.86
山东	38065.13	27.54	1014.26	2.16	17443.60	12.93	37.42	-1.74
广东	24187.64	26.43	1685.54	2.16	19778.38	12.86	21.19	-4.57
广西	2211.30	38.78	184.19	2.16	1012.76	12.76	4.29	-8.69
海南	2198.54	30.92	219.26	2.16	996.32	10.13	0.74	2.61
环渤海	89392.36	27.63	2345.59	2.16	36509.35	11.30	85.27	-3.23
长三角	65074.61	18.16	1668.88	2.16	31640.88	9.35	33.86	-6.58
珠三角	49856.97	29.86	3258.40	2.16	32837.79	13.10	42.90	-4.10
平均水平	231827.30	24.86	8187.37	2.16	114193.3	11.28	182.08	-4.19

全国涉海工业 SO₂ 排放量的平均水平为 182.08 万吨，沿海省份中山东排放量最大，为 37.42 万吨，其次为广东（21.19 万吨）和辽宁（19.16 万吨）。全国涉海工业 SO₂ 排放量年均增长率为 -4.19%。沿海

11个省份中除了海南涉海工业SO_2排放量年均增长率呈现正增长（2.61%），其他省份涉海工业SO_2排放量年均增长率均为负值，其中上海减排力度最为突出，年均增长率为-16.57%，其次为广西（-8.69%）。值得注意的是海洋生产总值年均增速较快的江苏和福建，以及海洋经济规模较大的山东，涉海工业SO_2排放量减排力度严重不足，年均增速依次为-0.64%、-1.86%、-1.74%，远低于全国平均水平。

全国海洋固定资本存量年均231827.30亿元，年均增速24.86%，远高于海洋GOP年均增长率；同时沿海地区涉海劳动力增速均保持在2.16%左右，远低于海洋GOP年均增长率。这也说明中国海洋GOP增长主要依靠固定资产投资的拉动。

在沿海11个省份中，山东海洋固定资本存量最大，年均38065.13亿元，其次是上海（27650.36亿元）、广东（24187.64亿元）。海洋固定资本存量年均增长率最高的省份是广西（38.78%），其次为江苏（36.28%）、福建（33.71%）、天津（30.85%）、山东（27.54%）、广东（26.43%），而这些省份所对应的海洋GOP增速也相对比较高，这些数据也反映出这些地区海洋GOP增长更多地依靠投资，资本拉动效应非常显著。海南（30.92%）和河北（27.91%）海洋固定资本存量年均增长率比较高，均高于全国平均水平；但是对海洋经济的拉动效应较弱，海洋投资效率不高，海洋GOP年均增长率均低于全国平均水平，尤其是河北仅为6.44%，这反映出海南和河北海洋经济基础非常薄弱，海洋产业发展水平有待进一步提升。

四　实证结果分析

利用Matlab2015软件，基于强处置假定和弱处置假定的模型设计，分别计算得到忽略环境规制约束条件下ML生产指数（记为SML），实施环境规制（约束环境污染）条件下的ML生产指数（记为WML），并分别得到相应的组成部分：效率变化率和技术变化率。

1. 年均增长率分析

表7-3显示了2006—2015年沿海地区观测单元的ML生产指数及其分解部分的年均值。参照Färe等（2001）、Dong-hyun Oh（2010）等前期研究，ML生产指数及其分解部分的年均增长指数采用几何平均进

行测算，通过计算 2006—2007 年、2014—2015 年 9 组时间段生产指数的 9 次方根得到年均增长指数。

表 7-3　　2006—2015 年沿海地区 ML 生产指数及分解年均增长指数

地区	强处置假定			弱处置假定		
	SML	*MTEC*	*MTC*	*WML*	*MLTEC*	*MLTC*
天津	1.0204	1.0044	1.0158	1.0019	0.9832	1.0190
河北	1.0324	0.9711	1.0631	0.9453	0.9609	0.9838
辽宁	1.0193	0.9885	1.0312	1.0020	0.9737	1.0290
上海	0.9940	1.0000	0.9940	1.0566	1.0000	1.0566
江苏	1.0439	0.9878	1.0567	0.9694	0.9863	0.9829
浙江	1.0292	0.9957	1.0337	1.0100	0.9740	1.0369
福建	1.0375	0.9813	1.0573	0.9950	0.9681	1.0277
山东	1.0282	1.0008	1.0274	0.9764	0.9803	0.9961
广东	1.0898	1.0000	1.0898	0.9648	1.0000	0.9648
广西	1.0672	0.9541	1.1186	0.9099	0.9413	0.9666
海南	1.0598	0.9775	1.0841	0.9951	0.9615	1.0349
环渤海	1.0257	0.9927	1.0332	0.9735	0.9662	1.0076
长三角	1.0245	1.0073	1.0171	1.0000	0.9777	1.0228
泛珠三角	1.0603	0.9853	1.0761	0.9799	0.9838	0.9960
东部沿海	1.0355	0.9989	1.0366	0.9916	0.9741	1.0179

注：表中的"东部沿海"指东部沿海 11 个省份，代表全国海洋经济的总体水平。

（1）强处置假定 *SML* 指数分析

强处置假定下，忽略环境规制约束，从总体水平上看，2006—2015 年全国海洋经济全要素生产率年均增长 3.55%；从东部三大经济区看，2006—2015 年泛珠三角地区海洋经济全要素生产率年均增长率最高为 6.03%，环渤海地区与长三角地区海洋经济全要素生产率年均增长率相差不大，依次为 2.57%、2.45%。从省级层面看，广东海洋经济全要素生产率增长率最高为 8.98%，其次为广西（6.72%）、海南（5.98%）、江苏（4.39%）、福建（3.75%），这些省份均高于全国水平；河北（3.2%）、浙江（2.92%）、山东（2.82%）、天津（2.04%）和辽宁（1.93%）均低于全国水平；上海不仅低于全国水平而且出现负增长

(-0.60%)。

从 *SML* 指数的分解结果看,2006—2015 年全国海洋经济技术效率变化率呈现负值,技术效率年均下降 0.11%;技术进步呈现正向变化,年均增加 3.66%,可以看出,技术进步是海洋经济全要素生产率增长的主要动力。从三大经济区看,长三角地区海洋经济技术效率不断提高,年均增长 0.73%;环渤海地区和泛珠三角地区海洋经济技术效率有所下降,年均降低分别为 0.73%、1.47%。泛珠三角地区海洋经济技术进步显著,年均增长 7.61%,其次为环渤海地区(3.32%)和长三角地区(1.71%)。

(2)弱处置假定 *WML* 分析

为了区别强处置条件下测得的全要素生产率,根据前期文献,本书将在弱处置假定下测算的全要素生产率称为绿色全要素生产率。从总体水平上看,2006—2015 年全国海洋经济绿色全要素生产率(绿色 TFP)年均增长指数为 0.991,年均增长率为负值(-0.84%);其中技术进步呈现正向变化,年均增长 1.79%;但是技术效率呈现下降变化,年均降低 2.59%。

从沿海省域层面分析,只有天津、辽宁、上海和浙江四个省市的绿色 TFP 增长率呈现正增长,其余 7 个省市均表现为负增长,这与全国海洋经济生产率总体水平呈现下降趋势具有一致性。

从绿色全要素生产率年均增长方向的变化可以看出,当不考虑环境规制约束时,技术进步的正向增长可以有效拉动全要素生产率的增长;当考虑环境规制约束生产活动时,纯技术进步的正向增长难以有效拉动海洋经济绿色全要素生产率的增长,技术无效率成为阻碍海洋经济绿色全要素生产率增长的主要因素。在面对生产过程中的环境问题时,生产资源的浪费、生产管理的无效率严重阻碍了海洋经济的增长。

进一步考察 *WML* 指数分解的技术效率和技术进步变化,可以发现,2006—2015 年,除上海海洋经济技术效率年均没有显著变化外,其余 10 个沿海省份海洋经济技术效率均出现下降,增长率均为负值;这与全国整体层面和区域层面表现出一致性,全国、环渤海地区、长三角、泛珠三角地区的海洋经济技术效率均呈现不同程度负向增长,技术效率跌幅分别为 2.59%、3.38%、2.23% 和 1.62%。

2006—2015 年，仅有天津、辽宁、上海和浙江四个省市技术进步表现出显著增长，其余省市均出现技术衰退。其中天津、辽宁和浙江三个省海洋经济技术效率下降，但是增长的技术进步（增幅分别为1.90%、2.90%和3.69%）发挥主导作用，弥补了技术效率衰退的阻滞作用，拉动海洋经济绿色 TFP 实现正向增长；上海技术进步增长最为显著，年均增幅 5.66%，有效拉动海洋经济增长；福建和海南两省的海洋经济技术效率下降，年均增长率分别为-3.19%、-3.85%，增长的技术进步（分别增长 2.77%、3.49%）无法弥补技术效率衰退带来的消极作用，没有推动海洋经济绿色 TFP 实现正增长，技术无效率发挥了主导作用，使得绿色 TFP 增长率为负，分别为-0.50%和-0.49%。

（3）比较分析

比较 SML 和 WML 指数及其分解的技术进步变化发现：与忽略环境规制约束的 SML 指数相比，考虑环境规制约束的 WML 指数表现出更低的生产率年均增长率（前者为 3.55%，后者为-0.84%）和较低的技术进步年均增长率（前者为 3.66%，后者仅为 1.79%）。沿海 11 个省份中，只有上海的 WML 指数高于 SML 指数，即绿色生产率增长要高于传统生产率的增长，并且考虑环境污染时显示出更高的技术进步增长率。

沿海三大经济区域中，只有长三角地区在确保减少污染产出的前提下，显示出更高的技术进步增长率（由 1.71%增至 2.28%），环渤海地区技术进步增长率下降（由 3.32%降低至 0.76%），泛珠三角地区技术进步出现倒退，增长率由 7.61%降低至-0.40%。既能改善环境，又可以提高生产率的技术进步是未来技术发展的方向，目前长三角地区发展得更好。

根据以上分析，可以得到这样的结论：2006—2015 年年均 WML 生产率增长要低于年均 SML 生产率的增长，环境规制的实施阻滞了海洋经济全要素生产率的增长。绿色全要素生产率和传统全要素生产率的相对增长依赖于期望产出（这里指海洋 GOP）与非期望产出（这里指产出的环境污染）的相对增长程度。当投入要素一定的条件下，如果期望产出增长的程度超过非期望产出减少的程度，传统全要素生产率的增长率就大于绿色全要素生产率的增长率。这样看来，当前海洋经济发展中环境管理无效率问题比较突出，海洋经济生产活动中对环境污染物排放的控制和治理效果不是很好，导致效率损失，阻碍了绿色全要素生产率的增长；环境规制对海洋经济增长产生阻滞影响效应，研究结论不支持强波特假说。同时，从实证数据发现，实施环境规制约束环境问题后，技术进步增长幅度下降，这也是导致技术无效率问题突出，影响海洋经济增长的重要原因。

2. 相关检验

为了进一步检验研究结果，本书对两种生产指数（*SML* 和 *WML*）及其分解部分在统计上是否存在显著差异性进行非参检验，为增强检验的稳健性采用 Wilcoxon 秩和检验（即 Mann-Whitney U 检验）和配对 *t* 检验两种检验方法，检验结果见表7-4。

表7-4　　　　　　　　　Wilcoxon 秩和检验和配对 *t* 检验结果

原假设	Wilcoxon 秩和检验		配对 *t* 检验	
	统计量	结果	统计量	结果
SML = WML	-4.814 (0.0000)	拒绝原假设	-4.365 (0.0000)	拒绝原假设
SMLTEC = WMLTEC	-3.118 (0.0014)	拒绝原假设	-4.411 (0.0000)	拒绝原假设
SMLTC = WMLTC	-3.516 (0.0004)	拒绝原假设	-3.253 (0.0000)	拒绝原假设

注：括号内值均为 P 值。*SML*、*SMLTEC*、*SMLTC* 为强处置性假定下测算的生产率增长指数、技术效率变化率、技术进步变化率；*WML*、*WMLTEC*、*WMLTC* 为弱处置性假定下测算的生产率增长指数、技术效率变化率、技术进步变化率。

由表7-4可以看出，Wilcoxon 秩和检验、配对 *t* 检验均显示，*SML* 和 *WML* 生产指数无显著差异的原假设在 0.05 的显著水平上被拒绝，两种生产指数存在显著差异具有统计学意义；两种生产指数对应的技术效率变化指数无显著差异的原假设在 0.01 的显著水平上被拒绝，忽略环境污染测算的技术效率变化指数与考虑环境污染测算的技术效率变化指数在统计分布上具有显著差异；两种生产指数对应的技术进步变化指数无显著差异的原假设在 0.01 的显著水平上被拒绝，忽略环境污染测算的技术进步变化指数与考虑环境污染测算的技术进步变化指数具有显著差异。

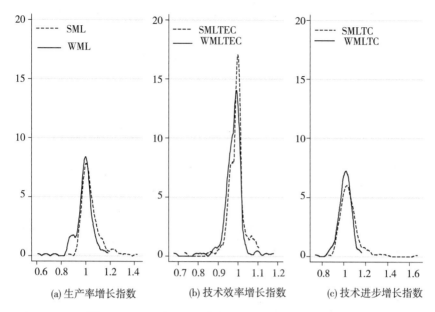

(a) 生产率增长指数　　　　(b) 技术效率增长指数　　　　(c) 技术进步增长指数

图 7-4　*SML* 和 *WML* 指数及分解部分变化核密度

图 7-4 也显示出不同假定条件下生产率增长、技术效率变化和技术进步变化的分布存在显著差异。通过检验，可以完全拒绝两种不同的生产指数及其分解部分是相同的假设，而这种分布的差异性正是源于生产过程中环境污染副产品带来的负外部性。

3. 时间维度分析

在前面部分的研究中，发现考虑环境规制约束对中国海洋经济生产率增长产生重要影响，导致生产率出现下降，而且生产率的组成部分也发生了显著变化。在研究样本期内，环境规制政策是否发挥效力，需要进一步分析时间维度的变化特征。

图 7-5 以箱形图的形式展现了不同假定条件下，沿海地区（包括11 沿海省份）海洋经济生产率增长指数在样本期内 9 对比较时间段的分布差异。从图上可以看出，2006—2010 年，不考虑环境规制约束的传统海洋经济全要素生产率增长指数呈现下降趋势，考虑环境规制约束的绿色全要素生产率呈现上升趋势，前者中位数、四分之一分位数和四分之三分位数均大于后者；而且二者差距有逐渐缩小趋势；2010—2015 年，传统全要素生产率与绿色全要素生产率均呈现波动变化，二者之间

分布差异逐渐缩小，绿色全要素生产率有超越传统全要素生产率的趋势，在研究时间末期 2015 年绿色全要素生产率中位数、四分之一分位数和四分之三分位数均超过传统全要素生产率相应的分布值，但是超出幅度比较微弱。

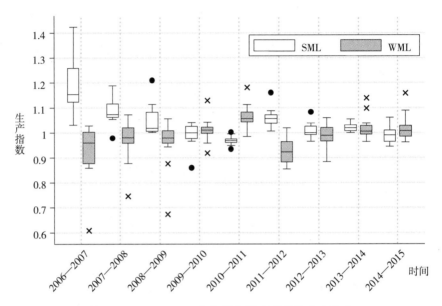

图 7-5　2006—2015 年海洋经济全要素生产率分布

图 7-6 显示了不同假定条件下，中国海洋经济生产率增长指数在样本期内的变化趋势。图 7-6 (a) 中，2006—2010 年传统生产率增长幅度下降，绿色生产率增长幅度较小且变化不大，但两者之间增幅差距明显缩小；2010—2015 年传统生产率增长指数和绿色生产率增长指数均表现出剧烈波动，两者差距有缩小趋势，这与图 7-5 箱形图分析结论基本一致。图 7-6 (a) 与图 7-6 (c) 变化趋势相似，表明无论是否考虑环境规制约束，中国海洋经济全要素生产率增长趋势均表现出与技术进步变化趋势的一致性，与技术效率变化趋势差异明显，这与丁黎黎等（2015）、戴彬等（2015）、胡晓珍（2018）得出结论一致：中国海洋经济增长的动力主要来源于技术进步，技术效率变化贡献较小。

图 7-6 (b) 中显示 2006—2015 年总体看，海洋经济技术效率增长非常缓慢，更多的比较期内呈现技术效率下降。图 7-6 (b) 中 2008 年忽略环境污染的技术效率提升显著，且与当年传统生产率增长保持一致

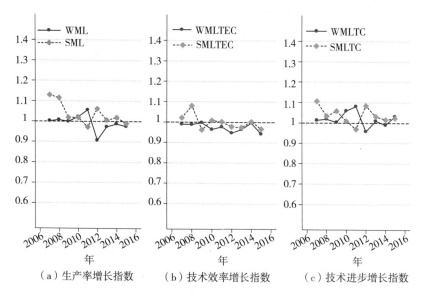

（a）生产率增长指数　　　（b）技术效率增长指数　　　（c）技术进步增长指数

图7-6　2006—2015年中国海洋经济生产率增长指数变化趋势

性。技术效率变化指数表示的是对生产前沿面的追赶速度，当追赶速度大于技术前沿进步速度时，对于前沿面的相对距离就会缩短，表现为技术效率增加；当技术前沿衰退或是进步速度降低时，即使决策区域追赶前沿的速度不发生变化，也会表现出技术效率增加。比较2008年技术进步变化，2008年金融危机，整体经济面放缓，海洋经济也受到严重影响，技术进步增长指数虽然为正值，但是显著下降，进步速度明显放缓，所以此时观察到的区域技术效率显著提升有一定的虚假性，可能存在与2007年相比，2008年全国海洋经济追赶技术前沿的速度并未增加或是放缓，仅仅是超过了2008年显著下降的技术进步速度。与传统技术效率变化相比，绿色技术效率变化表现出更大的平稳性；与传统海洋经济生产率增长相比较，海洋经济绿色生产率的增长更加依赖于技术进步。

在上述分析中，2010年是重要的时间节点，2010年以前海洋经济生产率变化有以下特点：一是传统全要素生产率增长指数增幅大幅下降，这与2008年的金融危机对海洋经济的重大负面影响有很大关系。二是海洋经济绿色生产率变动比较平稳，这与丁黎黎等（2015）测算的资源环境双重约束下的海洋经济绿色生产率变动趋势一致。原因在于绿色生产率增长方向是期望产出海洋经济GOP的增加和非期望产出环境污染的减少。当发生金融危机时，海洋经济受到阻滞影响，GOP 产出可能增幅减少或是出现产出下降，但是同时由于生产活动的减少，环境污染相对减轻，因此综合两方面因素得到的绿色生产率变化要比传统生产率的变化平稳。"十一五"期间，在《国家海洋事业发展规划纲要》（2006—2010 年）的指导下，海洋经济发展坚持可持续发展原则，加强资源环境保护，同时加强科技支撑作用，引导海洋经济绿色生产率平稳增长。三是绿色生产率与传统生产率差距非常大，环境规制成本相对较高，但是呈现下降趋势。

2010—2015 年绿色生产率与传统生产率发生巨大波动，差距逐渐缩小。从图 7-5 和图 7-6 可以看出 2010—2013 年海洋经济绿色发展表现出的波动最为剧烈，随着海洋经济发展方向的调整、产业结构的升级，2014 年以后这种波动性趋于平稳，在 2015 年末绿色海洋生产率增长指数与传统海洋生产率增长指数差距缩小至 0.016，环境规制成本显著降低。

这一变化在前期海洋经济领域相关研究中并未发现。这一系列变化与国家经济发展导向有重要联系。2010—2015 年是"十二五"期间，是海洋经济结构调整的关键时期。"生态优先，绿色发展"成为"十二五"海洋经济发展的基本原则，在海洋经济发展中更加注重资源节约，环境保护。2012 年党的十八大把生态文明建设提到新的高度，纳入中国特色社会主义事业"五位一体"总布局，将推进生态文明建设，建设"美丽中国"作为重要的行动纲领；2013 年十八届三中全会提出通过健全国土空间开发、资源节约利用、生态环境保护等完善生态文明建设体制机制，推动形成人与自然和谐发展现代化建设新格局。这些发展纲领引领海洋经济向更绿色更环保的产业结构转型。2013 年国家海洋局设立国家级海洋生态文明示范区，进一步指导海洋经济的健康发展。2014 年开始实施新《环境保护法》，规定在重点生态功能区、生态环境敏感区或是脆弱区等区域划定生态红线，进一步严格保护环境的法律制度。2015 年十八届五中全会将绿色发展作为"十三五"乃至更长时期经济社会的发展理念。

这一系列资源节约型、环境友好型可持续发展政策深刻冲击和影响海洋经济中传统产业与绿色环保产业的发展，从政策引领到对经济活动的规制与约束，使得海洋产业在要素投入、管理模式以及结构调整等各方面发生重大波动，是一个重要的适应磨合期，表现为生产率增长的剧烈波动变化。在结构调整过程中，将更多的要素投入到环境治理活动中，会产生两方面的影响，一是环境改善，二是资源节约，生产效率提高，促进生产率的提高，但是这两种效果能否实现都有很大的不确定性。

由于制度的不完善，可能在环境规制实施过程中存在隐性环境污染，某些区域的实际环境并未有显著改善；改进生产方式、经营理念，提高资源利用率，创新产品等活动需要经过时间和市场的磨合，在短期内难以实现生产率的提高。这些问题都真实存在于海洋经济活动中，因此海洋经济绿色生产率增长的波动变化是合理的，体现了海洋经济中的结构变革过程。尽管 2010 年以来实施的环境规制更加严格，但是所表现出的对海洋经济生产率的阻滞作用呈现降低趋势，这也说明实施的环境规制取得了成效，环境治理的机会成本在减小，但是距离促进海洋经济绿色生产率增长仍有很大差距，需要在实践中发现问题，并不断完善改进。

4. 区域异质性分析

图 7-5 显示海洋经济生产率在不同比较期，沿海 11 个省份海洋生产率区域序列呈现不同的分布，说明海洋经济生产率增长存在区域异质性，为进一步分析生产率增长的区域差异，本书比较了不同地区生产率变化时间序列的分布特征（见图 7-7）。

从图 7-7 可以看出，环渤海地区、长三角地区和泛珠三角地区三大经济区中海洋传统生产率的中位数、四分之一分位数和四分之三分位数均大于海洋绿色生产率的中位数、四分之一分位数和四分之三分位数。在沿海 11 个省份中，只有上海海洋绿色生产率中位数、四分之一分位数和四分之三分位数均大于传统生产率中位数、四分之一分位数、四分之三分位数。河北、广西海洋经济绿色生产率变化四分之一与四分之三分位数相差非常大，说明海洋经济绿色全要素生产率在考察期内波动比较大，天津、辽宁海洋经济绿色生产率波动不大，并且与传统生产率变化差异不大；广东、山东两个海洋经济大省，绿色生产率增长指数在分布上显著落后传统生产率增长指数。

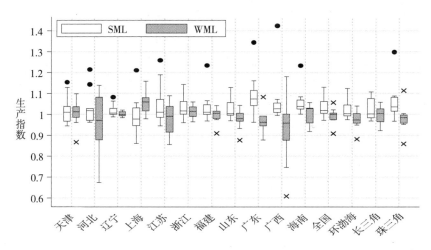

图 7-7　2006—2015 年 11 沿海省份海洋全要素生产率分布

　　为进一步分析海洋经济绿色全要素生产率的增长趋势，图 7-8 分区域显示了中国海洋经济绿色生产率增长、技术效率变化与技术进步变化随时间累计变化情况。

　　（1）从图 7-8（a）可以看出，中国海洋经济绿色生产率增长主要由技术进步拉动，2011 年以来，技术进步增长趋缓，对海洋经济绿色增长的拉动作用下降，技术效率的持续下降成为海洋经济绿色生产率下降主要原因。

　　（2）图 7-8（b）显示，环渤海地区表现出大致与全国海洋经济总体情况一致的变化趋势。但是与全国平均水平比较，环渤海地区面临更糟糕的情况，海洋经济绿色全要素生产率持续负增长，而且 2011 年海洋经济结构升入调整期后，绿色全要素生产率的变化几乎与技术效率的变化一致，大幅度持续降低。这反映出随着海洋经济进入新的发展时期，环渤海地区海洋经济技术进步虽然呈现增长趋势（尽管增长缓慢），但是对绿色生产率的拉动作用非常微弱，技术无效率成为影响海洋绿色生产率变化的主要因素。面对海洋经济结构升级，转变绿色增长方式，环渤海地区面临巨大压力，一是环渤海地区是中国海洋科技资源的聚集区，但是科技资源优势并未有效转化为拉动海洋经济增长的经济效益优势，如何激发技术进步对海洋经济绿色增长的驱动力是有效促进海洋经济增长的重要方面；二是技术无效率始终困扰着环渤海地区海洋

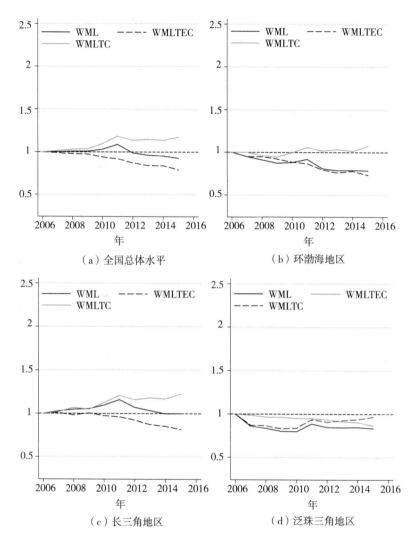

（a）全国总体水平　　　　　　　　（b）环渤海地区

（c）长三角地区　　　　　　　　　（d）泛珠三角地区

图 7-8　海洋经济绿色全要素生产率及其分解累计增长指数时间趋势

经济的发展，当务之急，必须努力加强技术吸收与消化，努力改善技术效率，是有效遏制绿色生产率下降的有效途径。

（3）图 7-8（c）显示了长三角地区海洋经济绿色全要素及其分解部分技术效率、技术进步的累计变化，与全国平均水平变化趋势大致相符。与全国海洋经济发展的平均水平比较，长三角地区显示出技术进步对绿色全要素生产率更强的拉动作用，海洋经济绿色全要素生产率累计增长指数均大于 1，表现出持续增长态势。海洋经济进入结构深度调整期后，长三角地区技术进步发挥增长拉动效应，增速放缓，但是技术无效率持续增长是阻碍绿色全要素生产率增长的根本原因，在很大程度上抵消了技术进步的拉动作用。在研究中上海几乎始终处于技术前沿，技术完全有效率，而长三角地区技术效率持续下降的趋势反映出长三角地区技术效率水平区域分布不平衡，上海技术效率对长三角地区其他省市技术效率改进的影响不足，因此引导长三角地区内部区域交流与合作，尤其是加强由技术极化向技术的扩散与吸收转化，是当前有效推动海洋经济绿色增长的关键方面。

（4）从图7-8（d）上看，泛珠三角地区海洋经济绿色全要素生产率、技术效率和技术进步变化与全国水平表现出相反的发展趋势，在研究样本期内，泛珠三角地区技术进步持续下降，是海洋经济绿色全要素生产率下降的主要原因；技术效率累计增长指数虽然小于1，但是呈现技术效率改进趋势，一定程度上缓解了绿色全要素生产率的下降幅度。这反映出海洋技术衰退是泛珠三角地区海洋经济绿色发展的短板。

5. 省域层面异质性分析

（1）结合图7-9至图7-12，进一步分析环渤海地区天津、辽宁、河北和山东四省市。

天津、河北和山东三省海洋经济自2010年后产业结构进入调整期，生产率增长幅度波动比较大，2015年海洋绿色生产率增长指数均超过传统生产率增长指数，并呈现正向增长。一定程度上反映出环境规制强度和执行力度比较大，在环境改善方面取得成效，促进了绿色生产率的增长，但是技术效率持续下降。

从上述图中看到2014年天津、河北和山东三省技术效率均显著正增长，由于技术效率显示的是相对技术前沿的追赶速度，结合2014年三省技术进步均出现衰退，因此2014年凸显的技术效率增长可能存在虚假成分，即使技术追赶速度下降，只要下降的速度仍大于技术前沿衰退的速度，技术效率仍然会表现出正增长。对比2011年和2015年的技术效率变化均为负增长，2014年实际技术效率变化幅度小于图中显示的效率变化水平，因此，环境规制的实施并未有效提升资源的利用效率，但是促进了绿色技术进步的发展，增长的技术进步没有有效提升生产技术效率。孙康等（2018）对沿海省份海洋产业结构升级转型研究

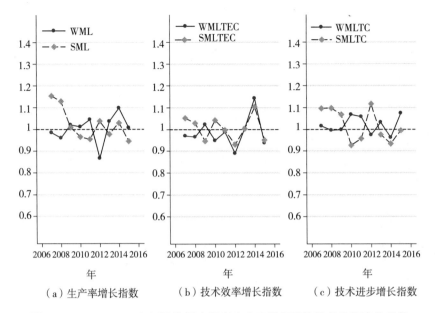

（a）生产率增长指数　　　　（b）技术效率增长指数　　　　（c）技术进步增长指数

图 7-9　2006—2015 年天津海洋全要素生产率增长指数及其分解变化趋势

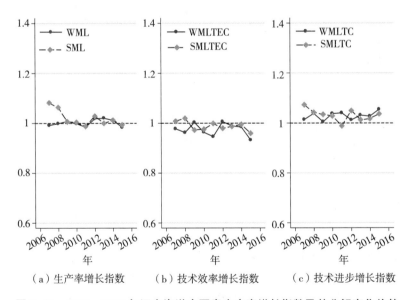

（a）生产率增长指数　　　　（b）技术效率增长指数　　　　（c）技术进步增长指数

图 7-10　2006—2015 年辽宁海洋全要素生产率增长指数及其分解变化趋势

显示，天津、辽宁和山东海洋产业升级处于不断上升阶段，河北海洋产业升级处于波动阶段。海洋产业结构的优化是海洋绿色生产率超过传统

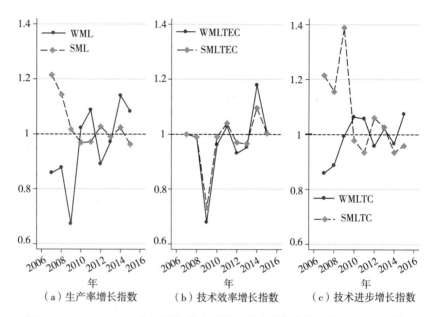

（a）生产率增长指数　　　（b）技术效率增长指数　　　（c）技术进步增长指数

图 7-11　2006—2015 年河北海洋全要素生产率增长指数及其分解变化趋势

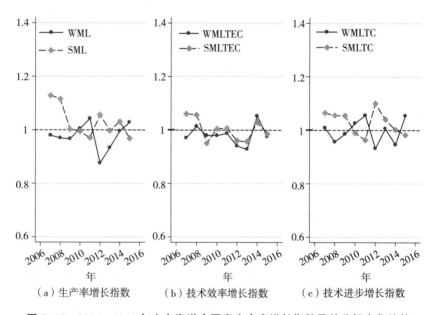

（a）生产率增长指数　　　（b）技术效率增长指数　　　（c）技术进步增长指数

图 7-12　2006—2015 年山东海洋全要素生产率增长指数及其分解变化趋势

生产率的重要原因。总体而言，技术进步增长的不稳定性和整体技术无效率是影响天津、河北与山东的海洋经济绿色发展的主要原因。

图 7-10 显示辽宁省未表现出剧烈波动，绿色技术进步持续稳定上升，但是海洋经济增长乏力，无论是传统全要素生产率还是绿色全要素生产率增长都表现出缓慢增长，2015 年海洋绿色全要素生产率呈现负增长。辽宁海洋经济发展历史悠久，具备一定产业基础和规模，但是产业结构失衡，重工业化、资源密集型特点显著，粗放型海洋产业结构、技术无效率是阻碍技术进步拉动海洋经济增长的重要原因。

（2）结合图 7-13 至图 7-15，进一步分析长三角地区上海、江苏和浙江三省市。

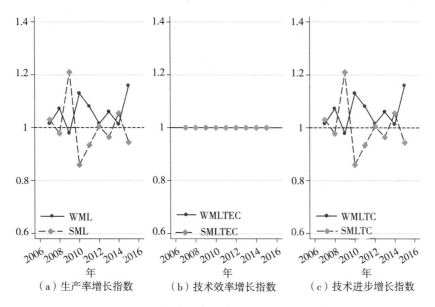

（a）生产率增长指数　　（b）技术效率增长指数　　（c）技术进步增长指数

图 7-13　2006—2015 年上海海洋全要素生产率增长指数及其分解变化趋势

从图 7-13 可以看出，在考察期 2006—2015 年，上海一直处于技术前沿面，技术效率没有显著变化，技术效率增长指数始终为 1，海洋绿色生产率增长变化完全来源于技术进步的有效驱动。环境规制的实施有效推动上海海洋经济绿色生产率持续增长，与强波特假说具有一致性。狄乾斌等（2018）的研究也显示沿海省份中海洋生态效率最高的省份是上海与广东［在本书后面的分析中可以看出广东同样位于生产前沿面（见图 7-16）］；孙康等（2018）研究中也证实上海海洋产业转型升级水平最高。因此本书得到的研究结果与前期研究基本一致。

图 7-14 显示 2006—2010 年江苏省位于技术前沿，技术效率增长指

数为 1，但是 2011—2014 年追赶技术前沿速度减弱，海洋经济发展滞后技术前沿，技术效率下降，绿色技术进步波动剧烈，两次出现技术衰退，这些现象与江苏省海洋经济结构的深度调整密切相关，调整期的不确定性加剧了绿色技术进步变化的波动性。2015 年绿色技术进步呈现正向增长，显著拉动海洋绿色生产率正向增长，此时传统生产率增长指数为负值，反映出环境规制成效显著，环境规制引致创新补偿效应超过环境规制成本效应论。

　　图 7-15 显示 2006—2015 年浙江海洋经济绿色技术进步持续增长，2010 年前技术进步能够拉动绿色生产率的增长，进入 2010 年，面对更加严格的环境规制环境，产业结构转型升级，但是 2012—2015 年技术进步继续增长，却无法有效拉动海洋绿色生产率增长，海洋绿色生产率低于海洋传统生产率，并持续负增长，技术效率不断下降。环境规制的实施促进了浙江海洋经济技术进步增长，但是增长的技术进步并没有促进海洋经济生产率的增长。分析原因，可能是面对严格的环境规制，更多的要素投入到末端环境治理活动，而忽视了产品创新、产业升级等对资源综合利用效率的改善。

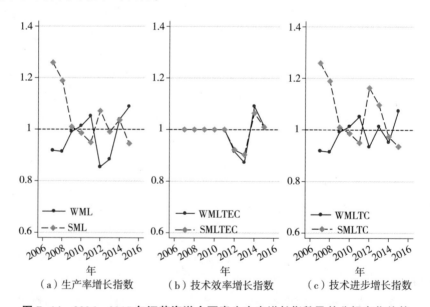

（a）生产率增长指数　　（b）技术效率增长指数　　（c）技术进步增长指数

图 7-14　2006—2015 年江苏海洋全要素生产率增长指数及其分解变化趋势

　　（3）结合图 7-16 至图 7-19，进一步分析泛珠三角地区广东、福

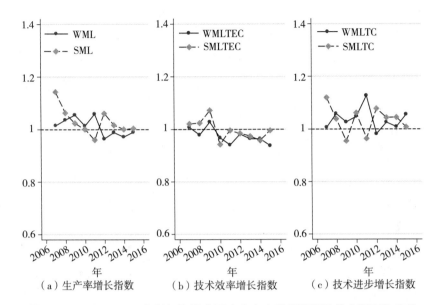

图 7-15 2006—2015 年浙江海洋全要素生产率增长指数及其分解变化趋势

建、广西和海南四省份。

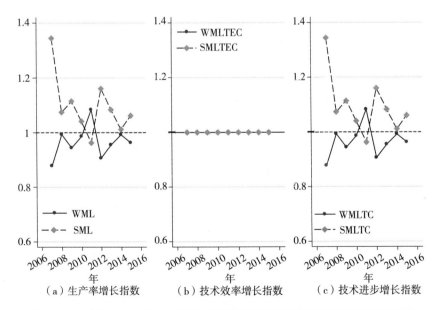

图 7-16 2006—2015 年广东海洋全要素生产率增长指数及其分解变化趋势

在研究的考察期内广东始终位于技术前沿面上，图 7-16（b）显示技术效率变化指数始终为1。广东具有较高的绿色技术效率，表现为海洋经济生产率的变化完全由技术进步的变化决定。观察图7-16（c）技术变化，2006—2010年在国家可持续发展政策导向下，随着环境规制的实施，广东海洋绿色技术持续发展，表现为海洋绿色技术进步衰退幅度的逐年减小，并且与传统技术进步增幅逐渐接近；2010年后海洋技术进步增长幅度波动剧烈，2011年表现为严格环境规制约束下的技术进步增长显著超越忽视环境约束时的技术进步增长指数；2012—2015年环境规制约束下出现持续技术衰退，说明技术前沿出现凹陷。技术进步变化直接反映出广东海洋经济绿色生产率的发展情况〔见图7-16（a）〕。

　　广东一直是海洋大省，海洋GOP多年持续保持全国第一位，具有显著的规模优势，但是实证结果显示：传统海洋经济增长衡量指标明显高估了考虑环境约束的海洋经济绿色发展水平，在2011年以来的经济结构转型升级过程中，绿色全要素生产率持续下降。分析其主要原因：第一，环境规制实施效果不理想，环境问题突出，非期望产出的缩减速度远小于期望产出的增加速度；第二，环境规制的实施延缓了技术进步增长速度，尤其是2013年海洋经济进入新常态发展，面临要素投入、投资驱动向创新驱动转型，广东表现出创新不足，技术进步衰退，使海洋经济绿色持续发展失去技术支撑。

　　福建、广西和海南三省海洋经济技术效率水平较低，增长指数均是负值，并呈现继续下降趋势；技术进步均呈现波动增长，实施环境规制条件下的技术进步指数高于忽视环境问题条件下的技术进步增长指数，反映出这三省的环境规制显著促进了海洋经济的技术进步；三省均经过2010—2012年的剧烈调整期，2013年后海洋绿色增长率增长缓慢，变化相对平稳，反映出显著增长的技术进步对海洋绿色增长的驱动作用较弱。

　　6. 创新区域分析

　　为了进一步确认沿海地区推进技术生产前沿外移的创新区域，引入Färe等（2001）的鉴别方法，通过同期和混合方向性距离函数以及技术变化率判断推动生产技术前沿外移的决策单元。当第 k' 决策单元满足以下三个条件时，说明该决策单元推动技术前沿外移，具有创新领导

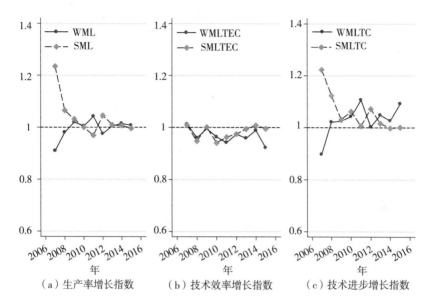

图 7-17 2006—2015 年福建海洋全要素生产率增长指数及其分解变化趋势

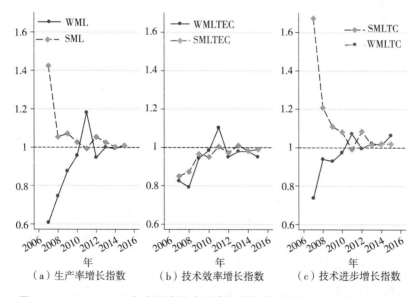

图 7-18 2006—2015 年广西海洋全要素生产率增长指数及其分解变化趋势

者作用。

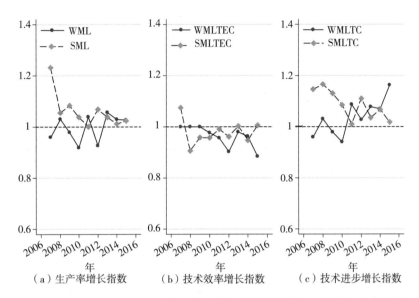

图7-19　2006—2015年海南海洋全要素生产率增长指数及其分解变化趋势

$$MLTECH_t^{t+1} > 1 \qquad (7.19)$$

$$\vec{D}_0^t(x^{t+1,\,k'},\ y^{t+1,\,k'},\ b^{t+1,\,k'};\ g_y^{\,t+1},\ g_b^{\,t+1}) < 0 \qquad (7.20)$$

$$\vec{D}_0^{t+1}(x^{t+1,\,k'},\ y^{t+1,\,k'},\ b^{t+1,\,k'};\ g_y^{\,t+1},\ g_b^{\,t+1}) = 0 \qquad (7.21)$$

式（7.19）保证了生产技术前沿在增加期望产出减少非期望产出方向上向外移动。式（7.20）说明 $t+1$ 期的生产（ $x^{t+1,\,k'}$, $y^{t+1,\,k'}$, $b^{t+1,\,k'}$; $g_y^{\,t+1}$, $g_b^{\,t+1}$ ），发生在 t 期生产前沿以外；即利用 t 期的生产技术，$t+1$ 期的生产投入无法生产出 $t+1$ 期的产出。式（7.21）表示第 k' 决策单元位于 $t+1$ 期生产技术前沿。表7-5列出了强处置假定和弱处置假定条件下的"创新领导者"。

从表7-5可以看出，在2006—2015年考察时间内，对环境污染实施强处置假定条件下，上海移动生产技术前沿边界4次，河北移动生产技术前沿边界1次，江苏移动技术前沿边界3次，广东移动技术前沿边界8次；实施环境规制，对环境污染进行弱处置假定，上海移动技术前沿边界外移8次，广东移动技术前沿边界外移1次，江苏移动技术前沿边界外移2次。综合比较来看，两种假定条件下各有一次技术前沿内凹。

表 7-5　　　　　　　2006—2015 年移动生产技术前沿边界的地区

年份	强处置假定条件下	弱处置假定下
2006—2007	河北、上海、江苏、广东	上海
2007—2008	江苏、广东	上海
2008—2009	上海、江苏、广东	无
2009—2010	广东	上海、江苏
2010—2011	无	上海、江苏、广东
2011—2012	上海、广东	上海
2012—2013	广东	上海
2013—2014	上海、广东	上海
2014—2015	广东	上海

　　强处置假定条件下，2010—2011 年没有区域推动技术前沿外移，位于技术前沿的区域技术进步均出现小幅衰退。这一变化与宏观政策调控导向转换密切相关。2011 年是"十二五"开局之年，海洋经济由追求高增长率转向结构深度调整期，以期摆脱传统路径依赖，传统产业发展受到剧烈冲击，宏观经济面投资、消费、出口三大需求增速和产出增长普遍低于预期，涉海企业经营困难甚至超过 2008—2009 年的金融危机时期（金碚，2012），表现为以低价资源为前提的粗放发展路径越发艰难，忽略环境约束的生产可能性边界出现内凹；对比实施弱处置假定，实施严格环境规制，标志着低价资源时代的终结，资源环境价格的上涨倒逼海洋经济朝向节约、清洁、安全的绿色化发展，促进海洋绿色技术进步的增长，表现为同一时期技术前沿面的外推，这也充分说明相比忽略环境约束，实施环境规制可以有效促进区域创新，推动海洋经济技术进步的快速增长。

　　弱处置假定条件下，2008—2009 年没有区域向前移动生产技术前沿边界，此时处于技术前沿的上海、江苏、广东受金融危机影响，技术进步均出现衰退，增长率分别为-2.14%、-0.95%、-5.64%。分析原因，可能是金融危机对于外向型出口产业的破坏作用更为显著，而出口产业对于产品的技术、环保等要求更为严格，因此对于实施环境规制的生产技术破坏作用更强，即使传统产业发展出现技术前沿外推，绿色环保型技术前沿可能出现内凹现象。

第二节　环境规制对海洋经济增长收敛性影响

通过前面的分析，可以看出中国海洋经济绿色全要素增长存在区域差异，那么区域间存在的增长差距随着时间如何变化，沿海地区是否存在共同的平衡增长路径，需要进一步进行收敛检验。根据新古典经济理论，收敛现象是否存在，依赖于生产函数中是否存在规模报酬递减以及技术扩散的程度。收敛检验最早开始于新古典增长模型，主要是检验横截面国家数据中国家初始产出水平与国家增长率是否存在负向关系，即具有较低初始水平的国家为了追赶具有稳态增长水平的国家必须实现更高的增长率。然而，初始发展条件的差异影响是否最终消失是收敛假定的探索基础，这也是经济学家一直探讨的基本问题。

Durlauf 等（2005）将收敛分析分解为两大研究问题：一是区域间的增长差距是暂时的还是持久的？二是如果增长差距是持久的，那么这种持久性是区域结构异质性的结果吗？初始条件是否最终决定长期产出？如果区域间存在短暂性增长差距，说明所有区域将达到相同的长期增长稳态水平，实现绝对收敛；如果区域结构差异产生长期增长差距则说明区域间存在条件收敛；如果初始条件至少部分决定长期增长路径，被称为存在收敛俱乐部，即具有相似条件的国家或区域通常具有相似的长期产出。

根据 Durlauf 等的理论思想，本章收敛分析的研究目的主要围绕沿海省份海洋绿色全要素生产率增长差异，检验海洋经济增长是否存在绝对收敛、条件收敛现象，进而对环境规制政策的影响效应进行简要分析。

如果地区海洋经济绿色生产率存在收敛趋势，则反映出节能环保政策的实施促进了地区环境技术提高的收益遵循边际报酬递减规律，使得海洋经济绿色发展落后地区与发达地区间的生产率差异缩小；反之，如果沿海地区海洋绿色生产率不存在收敛趋势，则环境规制的实施将进一步加大地区间海洋经济增长水平的差距，说明实施的环境规制政策存在问题，落后地区在平衡环境治理与经济发展过程中可能存在逐底竞争，需对环境规制政策进行适当调整，在财政补贴或是技术扶持方面适当向落后地区倾斜。

在区域全要素生产率收敛分析的相关文献中（Liu et al.，2011；Biswo et al.，2011；李小胜，2012；胡晓珍，2018），常用的检验方法是 σ 收敛、β 收敛、俱乐部收敛以及检验收敛性的时间序列方法。

一　计量模型的选择

1. σ 收敛

σ 收敛是根据增长的区域分布规律评估收敛的分析方法，主要分析生产率增长的区域差异是否随时间缩小。测量指标主要有标准差和变异系数两种形式。标准差 $S = \sqrt{\dfrac{\sum (x_1 - \bar{x})^2}{n}}$；变异系数 $\upsilon = \dfrac{s}{\bar{x}}$。对 t 至 $t + T$ 时期的生产率增长进行分析，如果存在以下条件，说明存在 σ 收敛。

$$S_{logy,\ t} > S_{logy,\ t+T}$$

或是 $$\upsilon_{y,\ t} > \upsilon_{y,\ t+T} \tag{7.22}$$

McCunn 和 Huffman's（2000）的研究方法，通过检验区域全要素生产率变化方差是否随时间呈现缩减变化，进而判断全要素生产率变化是否存在收敛。建立基本模型（7.23）：

$$Var_t(\ln ML) = \alpha_1 + \alpha_2 t + \varepsilon_t \tag{7.23}$$

其中，ML 代表环境污染弱处置假定下测算的海洋绿色 ML 生产指数，$Var_t(\ln ML)$ 表示第 t 时期沿海省份海洋绿色 ML 生产指数对数变化的离散方差，α 是回归系数，ε 是随机干扰项。当 $\alpha_2 < 0$，说明海洋绿色 ML 生产指数的方差与时间存在负相关性，海洋绿色全要素生产率增长存在 σ 收敛。

2. 绝对 β 收敛

β 收敛分析主要检验不同地域单元的初始全要素生产率水平与其后的增长速度是否存在负相关，从而判断不同地域单元的全要素生产率水平能否收敛于相同的稳态。β 收敛可以用新古典增长理论进行解释：具有较低生产率增长水平的区域一般具有较低的资本劳动比，因而具有较高的资本边际产出。在经济增长的相关研究中，β 收敛又分为绝对 β 收

敛和条件 β 收敛。当忽略不同区域 ML 生产指数初始状态差异,所有区域海洋绿色全要素生产率增长最终一致收敛于相同的稳态,这种绝对收敛称为绝对 β 收敛。绝对 β 收敛是对横截面数据的检验,并且忽略了不同地域单元初始状态技术、偏好及制度等方面的差异。参照 Fung (2005) 的研究方法,绝对 β 收敛的基本模型 (7.24) 如下:

$$\ln \widetilde{ML}_i - \ln ML_i^0 = \beta_1 + \beta_2 \ln ML_i^0 + \varepsilon_i \qquad (7.24)$$

其中,式 (7.24) 左边表示第 i 区域海洋绿色全要素生产率增长指数在初期和末期的增长水平;ML_i^0 和 $\widetilde{ML}_i$ 分别表示第 i 区域初期和末期的海洋绿色 ML 生产指数。当 β_2 显著小于零时,表示绿色 ML 生产指数初始水平与增长水平呈负相关,所有区域将收敛于共同的稳定状态,符合绝对 β 收敛。

3. 条件 β 收敛

在绝对 β 收敛的研究分析中,越来越多的学者发现,在现实经济中,具有完全同质的区域单元并不存在,区域结构特征是随时间不断变化的;收敛速度更多地依赖于区域禀赋、技术及偏好的差异;绝对 β 收敛不能反映增长的动态变化等等。当控制区域内影响全要素生产率增长的技术、偏好及制度等方面的差异,初始期海洋绿色全要素生产率水平偏低的区域通常具有较高的增长速度,这就是条件 β 收敛。在条件 β 收敛下,具有结构差异的区域将达到不同的稳定增长路径,最终是增长速率的收敛而不是绝对水平的收敛。

参考前期相关文献,条件 β 收敛检验大致可以分为两种方法,第一种方法是控制决定全要素生产率增长的决定因素,检验初始期全要素生产率水平与全要素生产率增长速度的相关系数是否为负,判断随着区域全要素生产率水平的提高,全要素生产率的增长速度是否衰减 (Blundell and Bond, 1998; Liu et al., 2011; Naveed and Ahmad, 2016)。通过这一方法建模,不仅可以研究海洋绿色全要素生产率增长收敛趋势,还可以进行增长影响因素分析,基本模型如下:

$$\Delta \ln ML_{it} = \theta \ln ML_{i,\,t-1} + \lambda X_{it} + \eta_i + \tau_t + \nu_{it} \qquad (7.25)$$

式 (7.25) 中 $\Delta \ln ML_{it}$ 表示第 i 区域从 $t-1$ 时期至 t 时期的海洋绿色全要素生产率增长指数的变化,$\Delta \ln ML_{it} = \ln ML_{it} - \ln ML_{i,\,t-1}$。$X$ 是一

系列影响海洋绿色全要素生产率增长的控制变量；η_i 表示地区效应，τ_t 表示时间效应，ν_{it} 是捕捉其他影响的随机误差项，θ 和 λ 为评估参数。当 $-1 < \theta < 0$，表示区域海洋绿色全要素生产率增长差异趋于条件 β 收敛。

第二种检验方法是通过控制决定全要素生产率增长的影响因素，以追随区域与领导区域的增长差距为重要衡量指标，检验离生产前沿的区域越远是否具有更高的生产率增长速度。生产率增长主要来源于两方面，一方面是处于技术前沿面的领导区域通过技术创新，冲破技术或能力限制，实现技术前沿的前移；另一重要方面是远离技术前沿的追随区域通过技术引进、吸收和创新，加速追赶技术前沿的领导区域。如果在增长的过程中实现收敛，更依赖于追赶效应的发挥，在前沿面外推的条件下，领导者与追随者的差距呈现缩减趋势。

与第一种检验条件 β 收敛的方法相比，第二种方法可以对生产率增长差异进行更多的分析；不仅可以判断生产率增长的收敛情况，分析影响生产率增长的主要决定因素；还可以有针对性地分析政策规制对区域追赶效应的影响（Aghion and Howitt，2006；Conway et al.，2006），以及技术前沿冲击对生产率增长的影响（Cameron，2005a）。结合本章研究的目的，分析环境规制政策对海洋绿色全要素生产率增长的重要影响，参考前期研究构建模型如下：

$$\Delta \ln ML_{it} = \theta(prodgap_{it}) + \lambda X_{it} + \delta(ER_{it} \times prodgap_{it}) + \psi(\Delta \ln ML_{it}^{leader})$$
$$+ \eta_i + \nu_{it} \tag{7.26}$$

式（7.26）中 $\Delta \ln ML_{it}$ 表示第 i 区域从 $t-1$ 时期至 t 时期的海洋绿色全要素生产率增长指数的变化，X 是一系列影响海洋绿色全要素生产率增长的控制变量。基于前面的研究分析，上海是海洋经济发展的创新领导区域，因此，$prodgap_{it}$ 表示 t 时期第 i 区域与同期技术前沿领导区域上海海洋绿色全要素生产率增长差距的对数形式，$prodgap_{i,t} = ln(\frac{ML_{i,t-1}}{ML_{i,t-1}^{leader}})$，$\frac{ML_{i,t-1}}{ML_{i,t-1}^{leader}}$ 表示生产率增长差距；当 $ML_{i,t-1} > ML_{i,t-1}^{leader}$ 时，取 $\frac{ML_{i,t-1}}{ML_{i,t-1}^{leader}} = 1$。$ER_{it}$ 表示 t 时期第 i 区域环境规制强度；$ER_{it} \times prodgap_{it}$ 表示环境规制与生产率增长差距的交互作用项；$\Delta \ln ML_t^{leader}$ 表示 t 时期作为领

导区域上海的海洋绿色全要素生产率增长指数的变化，$\Delta \ln ML_t^{leader} = \ln ML_t^{leader} - \ln ML_{t-1}^{leader}$。$\theta$、$\lambda$、$\delta$、$\psi$ 是评估参数。$-1 < \theta < 0$，表示区域海洋绿色全要素生产率增长差异趋于条件 β 收敛，而且 θ 的绝对值越大，说明追随区域的追赶速度越快。λ 反映了主要控制变量直接影响海洋绿色生产率增长的强度；δ 反映了环境规制强度对海洋绿色生产率增长的间接影响，即环境规制的实施可能会激励、阻碍追随区域投资或采用先进的技术，进而降低了区域追赶技术前沿的速度。ψ 反映了前沿技术冲击对海洋经济绿色生产率增长的影响。

控制变量主要包括以下指标：（1）环境规制强度。本书选用工业污染排污费和工业污染治理投资分别作为环境规制强度指标，表示预防型环境规制强度和控制型环境规制强度（指标计算同前面章节）。（2）区域贸易外向度（$X2$）。用进出口贸易总额与海洋 GOP 的比重表示。（3）经济发展水平（$X3$），采用人均 GDP 表示地区经济发展水平。（4）人力资本规模（$X4$）。采用科技活动人员数量作为衡量指标。

条件 β 收敛是对面板动态数据的考察，在动态增长模型中为了避免误差项自相关以及控制变量的内生性问题，相关文献中一般采用 GMM 方法，但是在小样本评估中，尤其是当 $T < 10$ 时，GMM 方法一般会导致工具变量过度，产生有偏的估计量（Keane and Neal，2016）。本书模型回归中 ML 生产指数的样本时间观测 $T = 9$，为了消除变量的不平稳性，部分变量要取差分形式，时间观测数量进一步减少。这些导致回归中样本观测数过少，因此本书参照 Keane 和 Neal（2016）的研究方法，采用 KR-DIFF 对模型进行回归检验。

二　收敛检验与分析

按照上述检验模型，对海洋经济绿色全要素生产率增长收敛趋势分别进行三种检验，检验结果分析如下：

1. σ 收敛检验分析

表 7-6 显示了按照式（7.23）进行的 σ 收敛检验结果。评估系数 α_2 在 1% 水平上显著为负值，说明中国海洋经济绿色 ML 生产指数对数值的标准差随时间呈现缩减趋势，海洋经济绿色全要素生产率增长率存在 σ 收敛。这与胡晓珍（2018）的研究结果一致。因为与具有较小均

值的变量相比，具有较大均值的变量通常具有较高的标准差，为了避免这种可能存在的偏差，在样本期内测量变异系数变化如图 7-20 所示。

表 7-6　　　　　　　　　　　　　　σ 收敛检验结果

	评估系数	标准差
t	−0.0110**	0.00299
常数项	0.131***	0.0201

注：* p<0.05，** p<0.01，*** p<0.001。

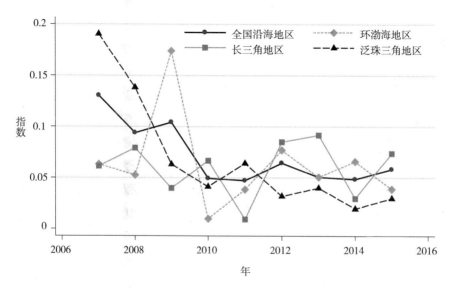

图 7-20　2007—2015 年海洋绿色 *ML* 指数变异系数

图 7-20 显示了 2007—2015 年全国及沿海三大经济区海洋经济绿色生产率增长变异系数变化趋势。整体看全国海洋经济绿色全要素生产率增长差异呈波动下降趋势，具有 σ 收敛特性，与标准差方法测算结果基本吻合。在三大经济区中，泛珠三角地区呈现较好的 σ 收敛趋势，长三角地区不存在 σ 收敛，海洋绿色全要素生产率增长差距长期存在；环渤海地区不存在 σ 收敛，经济区内的增长差距长期存在。

从时间上看，2007—2010 年全国及环渤海经济区、泛珠三角经济区海洋经济绿色生产率增长均表现出显著的 σ 收敛，区域增长差距不断缩小；2010—2015 年全国及环渤海经济区、泛珠三角经济区海洋绿色全要素生产率增长差距变化缓慢，没有显著 σ 收敛。长三角经济区海洋绿色全要素生产率增长差距在两阶段样本期内均没有表现出显著缩小趋势，而且在 2010 年后增长差距有所增加，海洋绿色全要素生产率增长呈现发散态势，这充分体现了上海作为处于生产前沿的创新推动者，始终在发挥推动技术前沿的引领作用，与其他追随区域的增长差距有进一步增加的趋势。

2. 绝对 β 收敛检验分析

因为在前面的分析中发现在样本期内 2010 年是一个转折点，2010 年前后海洋经济发展特征发生重要变化，因此在进行绝对 β 收敛检验时，将检验时间分为三个阶段：2007—2015 年、2007—2010 年和 2010—2015 年，检验结果显示于表 7-7。

当研究初期为 2007 年，研究末期为 2015 年时，检验模型（7.24）的评估系数 β_2 为 $-0.952 < 1$，在 0.1% 的水平上显著不为零，说明沿海 11 个省份海洋经济绿色全要素生产率增长率存在绝对 β 收敛，但是收敛速度比较缓慢，因为评估系数绝对值较大，接近于 1。

当研究初期为 2007 年，研究末期为 2010 年时，检验模型（7.24）的评估系数 β_2 为 $-0.868 < 1$，在 0.1% 的水平上显著不为零，说明沿海 11 个省份海洋经济绿色全要素生产率增长率存在绝对 β 收敛，至少部分支持同时期存在 σ 收敛。

当研究初期为 2010 年，研究末期为 2015 年时，检验模型（7.24）的评估系数 β_2 不显著，沿海 11 个省份海洋经济绿色全要素生产率增长率不存在绝对 β 收敛，有力支持了同时期不存在 σ 收敛。分析原因可能是 2010 年后海洋经济发展进入结构调整的关键期，调整波动的影响比较大，收敛趋势受短暂性、随机性波动冲击比较大，这也符合在整个样本期 2007—2015 年收敛速度缓慢的结论。

表 7-7　　　　　　　　　　　绝对 β 收敛横截面检验

	2007—2015 年	2007—2010 年	2010—2015 年
β_2	-0.952 ***	-0.868 ***	-0.312
	(0.0745)	(0.0652)	(0.311)
β_1	0.034	0.017	0.027
	(0.0219)	(0.0201)	(0.0135)

续表

	2007—2015 年	2007—2010 年	2010—2015 年
样本数	11.000	11.000	11.000
R-sq	0.871	0.883	0.124
adj. R-sq	0.857	0.870	0.027
均方根误差	0.056	0.049	0.044

注：* p<0.05，** p<0.01，*** p<0.001。

胡晓珍（2018）也得出中国沿海省份海洋经济最终会收敛于稳定增长路径的研究结论。但本书研究进一步发现，目前看这一收敛速度缓慢，需要经过相当长的一段时期才能达到稳定状态；海洋经济结构转型、增长方式转变的速度与程度将决定收敛稳态的速度。同时结合 σ 收敛，实证结果均反映出海洋经济进入结构深度调整期后，海洋绿色全要素生产率增长表现出发散态势，区域增长差距有继续扩大的趋势，这是政策分析需要注意的。

当然绝对 β 收敛是基于截面数据的分析，在评估中由于缺少时间序列信息，动态分析基础比较弱，而且除了追赶效应机制，可能还存在其他因素影响海洋绿色全要素生产率增长差异，因此需要进行条件 β 收敛进一步补充分析。

3. 条件 β 收敛检验分析

如果经济变量存在单位根，则变量的过去值对现在有持久影响，变量的增长必然对过去存在路径依赖，对变量进行单位根检验是收敛分析必不可少的基本内容。在进行条件 β 收敛检验前，首先对检验模型（7.26）中所用变量的时间序列特性进行单位根检验，检验方法采用 Im 等（2003）的 IPM 方法。检验结果显示（表7-8），模型中有三个变量是 0 阶平稳序列，分别为 $\ln ER2$、$\ln X4$ 和 prodgap；有三个一阶平稳序列，包括 $\ln ML$、$\ln ER1$、$\ln X2$；有一个二阶平稳系列 $\ln X3$。

表 7-8　　　　　　　动态面板单位根 IPS 检验

变量	0 阶		一阶差分		二阶差分	
	统计量 Z	P 值	统计量 Z	P 值	统计量 Z	P 值
$\ln ML$	-2.401	0.082	-3.514	0.0002	—	—

变量	0 阶		一阶差分		二阶差分	
	统计量 Z	P 值	统计量 Z	P 值	统计量 Z	P 值
ln*ER*1	0.011	0.5045	−2.413	0.0079	—	
ln*ER*2	−2.634	0.0042	—	—	—	
ln*X*2	−1.206	0.1140	−2.736	0.0031		
ln*X*3	1.589	0.9439	0.198	0.5783	−3.092	0.001
ln*X*4	−3.314	0.0005	—	—	—	
prodgap	−2.194	0.0141	—	—	—	

注：IPS 检验的原假设为：存在单位根；备择假设：不存在单位根，是平稳序列。对 0 阶水平项进行检验时包含常数项和趋势项；对差分项进行检验时仅包含常数项。

　　单位根检验反映出海洋绿色全要素生产率的增长存在随机游走，该经济变量将无限增长，不会出现向稳态的收敛；而前面的分析中，海洋经济绿色全要素生产率增长表现出 σ 收敛、β 收敛，这两种现象恰好反映出海洋经济绿色生产率增长可能存在追随随机趋势的条件收敛。因此，在本研究中应更加关注海洋经济绿色生产率增长差距的长期异质性变化，采用动态面板修正均衡框架。

　　在模型（7.26）中，生产率增长差距变量（ prodgap ）的系数 θ 是对所有区域的共同相关系数，通过模型中的交互项放松这一共同的约束，从而对不同区域生产率增长差距的影响系数向上或向下调整。模型中包含环境规制变量与生产率增长差距交互项，允许环境规制区域异质性对绿色生产率增长随生产率增长差距减小而表现出速度变化的差异。如果海洋经济绿色生产率增长差距评估系数为 0.04，环境规制与生产率增长差距交互项评估参数为 0.05，那么当某一特定区域环境规制强度增加 20%，该区域生产率增长差距对生产率增长速度的影响系数为0.05（即 0.04 + 0.2 × 0.05）。

　　为了消除变量的单位根影响，将模型中的控制变量转换为一阶差分形式，其中经济发展水平变量采用二阶差分，对模型分别进行二阶段差分和 KR 差分回归。将预防型环境规制强度作为环境规制强度代理变量得到回归结果（见表 7-9 和表 7-10）。

表 7-9　　　　　海洋绿色全要素生产率增长回归结果（1）

变量名	（1）lnML	（2）lnML	（3）lnML	（4）lnML	（5）lnML
LD. lnML	-0.135 (0.177)	0.469 (0.355)	-0.284** (0.140)	0 (0.00629)	-0 (0.00503)
prodgap	-0.862*** (0.105)	-0.723*** (0.0886)	-0.828*** (0.0801)	-0.729*** (0.0383)	-0.717*** (0.0395)
D. ln ML^{leader}	0.692*** (0.131)	0.212 (0.221)	0.567*** (0.111)	-0.0172 (0.0169)	-0.0211 (0.0188)
D. lnER1	-0.0854** (0.0406)	-0.0165 (0.0363)	-0.0895*** (0.0217)	-0.451*** (0.0348)	-0.477*** (0.0372)
D. lnX2	-0.159*** (0.0563)	-0.451*** (0.0778)	-0.166*** (0.0435)	-0.704*** (0.187)	0.0176* (0.0102)
D2. lnX3	-0.734* (0.446)	-0.664* (0.370)	-0.714*** (0.236)	0.0122 (0.00880)	
D. lnX4	-0.0148 (0.0252)	0.0111 (0.0220)	0.00745 (0.0181)	-0.0847** (0.0379)	-0.0992** (0.0422)
D. ER1gap	0.00683 (0.0378)	-0.103 (0.0706)	0.0425 (0.0275)	0.380* (0.201)	0.446** (0.223)
常数项	-0.0644*** (0.0121)	-0.0759*** (0.0202)	-0.0633*** (0.00966)	0 (0)	0 (0)
观察值	77	77	77	77	77
时间虚拟变量	无	有	无	有	有
R-squared	0.627	0.784			

注：括号内的值为标准差，*** p<0.01，** p<0.05，* p<0.1。

表 7-9 中回归（1）和回归（2）是利用二阶段差分法得到的评估结果，发现加入时间虚拟变量后，拟合优度有所提高，同时生产率增长差距评估系数绝对值变小；回归（3）和回归（4）是利用 KR 差分法得到的结果，生产率增长差距评估系数显著性程度基本与二阶段差分法结果相似。在研究样本期间，海洋经济发展伴随结构变化，因此在回归中应加入时间虚拟量。由于回归（4）在加入时间虚拟变量后，区域经济发展水平影响系数不显著，一定程度上反映出随着东部沿海地区经济的发展，区域经济发展水平差异对区域海洋经济绿色生产率增长的影响冲

击逐渐趋于平稳，影响逐渐减弱。进一步删除不显著的区域经济发展水平项，得到回归（5）。

不同的回归结果均显示，生产率增长差距评估系数显著为负值，说明距离海洋经济技术前沿越远的区域，此时生产率差距值越小（因为达到技术前沿时，该指标的值为1），绿色全要素生产率具有更高的增长速度，反映出沿海地区海洋经济绿色全要素生产率增长具有显著的条件收敛。根据回归（5）的实证结果，环境规制强度与生产率增长差距交互项评估系数显著为正，说明环境规制强度的增加有效促进了区域对于技术前沿的追赶效应，间接降低了区域绿色生产率增长幅度。

沿海地区海洋绿色全要素生产率增长差距对绿色生产率增长的影响系数为 $-(0.717+0.448\times\Delta ER_{it})$，增加预防型环境规制强度可以通过提高区域追赶效应，加速海洋经济绿色全要素生产率的条件收敛。预防型环境规制强度一阶差分的评估系数在1%水平上显著为负值，说明增加预防型环境规制强度显著阻碍了海洋经济绿色生产率的增长，这与前面的分析一致，不支持强波特假说。预防型环境规制强度一阶差分的评估系数反映的是环境规制政策对绿色生产率增长的短期影响，长期影响应该考虑长期调整系数 θ 的影响，因为区域向稳态过度的时间越短，所有影响变量的作用时间也就越短，因此需要利用调整系数修正环境规制对绿色生产率的影响。预防型环境规制对海洋经济绿色全要素生产率的影响系数为 $-[0.477/(0.717+0.448\times\Delta ER_{it})]$。

综合来看，预防型环境规制的实施可以有效激励区域产业结构调整，通过改革生产过程，创新产业链以及经营模式等，减少环境污染，提高资源利用效率，加快向创新区域（或是前沿技术）的追赶效应，追赶效应的提升得益于预防型环境规制的引致创新效应。同时由于在结构调整过程中伴随着投资结构的巨大变化，更多的资本和人力资源转向绿色生产技术的研发、推广或环境治理活动，投入要素重新分配的挤出效应抑制了生产产出的增加，而环境治理又是一个长期过程，在一定时期内治理效果并不十分显著，期望产出的大量减少和非期望产出的缓慢治理导致绿色生产率增长受阻，这是预防型环境规制直接阻碍海洋经济绿色生产率增长的主要原因。

此外，实证结果还显示以下信息：

（1）加入时间虚拟变量前，创新领导区域海洋经济绿色生产率增长冲击评估系数在1%水平上显著为正，加入时间虚拟变量后，创新领导区域海洋经济绿色生产率增长冲击评估系数不显著，即结构调整期，创新领导区域海洋经济绿色生产率增长冲击对整体海洋经济绿色生产率的增长速度没有显著影响。这一变化一定程度上说明虽然技术进步是海洋经济绿色全要素生产率增长的主要因素，但是在海洋经济进入转型期后，技术进步冲击或是技术前沿面的外推，对绿色生产率增长速度的影响甚微，对经济增长的边际带动效应减弱。这是在转型期需要注意的问题，如何增强技术进步的驱动引领作用非常重要。

（2）区域外向度评估系数在删除经济发展水平指标后在10%的水平上表现为正值。Cameron 等（2005b）在研究中发现外向度与海洋产业高度相关。区域外向度增加，海洋产业更多地融入国际市场。在全球产业链的竞争中，更有机会接触更先进的技术和更严格的技术标准，同时对产品的绿色环保通常具有更高的要求，因此可能对绿色生产率的增长有促进作用。但是也不能忽视外向型产业的技术锁定问题，即过于单一地重复某种特定技术，不利于技术吸收和技术创新。

（3）人力资本规模评估系数在5%的水平上表现为微小的负值-0.099。分析原因可能与转型期海洋人力资本配置结构不合理有关，人力资本的水平规模效应不一定促进绿色生产率的增长，有可能导致资源浪费，产生负面影响；应更加注重海洋人才结构的调整与优化。

表7-10显示了以控制型环境规制指标作为环境规制强度代理变量的回归结果。表7-10中的（1）—（5）的回归均与表7-9中相应的回归方法相同。从表7-10中的实证数据可以看出，自变量和因变量的回归系数方向和显著性基本与表7-9中信息一致。表7-10回归（5）显示，生产率增长差距评估系数与表7-9回归（5）的结果相同，均在1%水平上显著，为-0.717，这说明沿海地区绿色生产实现稳态过程中，共同的调整系数没有显著变化。

表 7-10　　　　　　　　海洋绿色全要素生产率增长回归结果（2）

变量名	（1） lnML	（2） lnML	（3） lnML	（4） lnML	（5） lnML
LD. lnML	-0.0133	0.999*	-0.0931	0	0
	(0.195)	(0.585)	(0.182)	(0.00517)	(0.00489)
prodgap	-0.843***	-0.792***	-0.808***	-0.790***	-0.717***
	(0.104)	(0.105)	(0.0875)	(0.0378)	(0.0467)
D. lnML^{leader}	0.747***	0.567	0.616***	0.00782	0.00776
	(0.145)	(0.361)	(0.143)	(0.00809)	(0.00822)
D. lnER2	0.0124	0.0107	0.00568	-0.469***	-0.496***
	(0.0164)	(0.0136)	(0.0142)	(0.0435)	(0.0466)
D. lnX2	-0.179***	-0.478***	-0.149***	-0.855***	0.0148*
	(0.0565)	(0.0703)	(0.0487)	(0.169)	(0.00875)
D2. lnX3	-0.691	-0.778**	-0.549**	0.0106	
	(0.446)	(0.379)	(0.273)	(0.00754)	
D. lnX4	-0.0148	0.00229	0.00880	-0.157***	-0.0804**
	(0.0252)	(0.0224)	(0.0193)	(0.0304)	(0.0386)
D. ER2gap	-0.0169	-0.179*	0.000935	0.875***	0.412*
	(0.0340)	(0.0988)	(0.0296)	(0.198)	(0.234)
常数项	-0.0542***	-0.0949***	-0.0501***	0	0
	(0.0110)	(0.0264)	(0.00950)	(0)	(0)
观察值	77	77	77	77	77
R-squared	0.626	0.772			

注：括号内的值为标准差***，p<0.01，** p<0.05，* p<0.1。

　　控制型环境规制强度与生产率增长差距交互项评估系数为 0.412，低于预防型环境规制对区域追赶效应的影响（0.446），而且前者显著性水平较弱，仅在 10% 的水平上显著。这使得对于相同的区域，当环境规制工具由预防型转变为控制型时，本区域在向稳态发展过程中的调整系数为 -（0.717 + 0.412 × ΔER_{it}），收敛速度减小。控制型环境规制对海洋经济绿色生产率增长的直接影响系数在 1% 水平上显著，为 -0.496，大于预防型环境规制的直接影响系数（-0.477），这反映出控制型环境规制工具对海洋经济绿色生产率增长具有更强的抑制作用。

　　综合来看，区域环境规制工具的选择对区域海洋经济追赶效应有重

要影响，与控制型环境规制工具相比，预防型环境规制更加灵活，更能
促进对技术的吸收与创新，加快对技术前沿的追赶；与预防型环境规制
工具相比，实施控制型环境规制工具后，成本挤出带来的负面影响大于
创新效应的正面影响的偏差进一步增大，表现出对绿色生产率增长更强
的负面影响。

　　上述收敛分析检验中主要考察环境规制政策对海洋经济绿色生产率
增长的影响，因此在研究区域异质性对海洋经济收敛的影响时，主要检
验环境规制强度和工具形式的区域差异对绿色生产率增长收敛的影响。
通过研究发现，海洋经济绿色生产率增长确实存在条件收敛，沿海各省
市海洋经济绿色生产率增长均具有稳定增长路径，但是由于区域结构差
异，不同省市将形成不同的平衡增长稳态，沿海地区海洋经济发展最终
达到区域平衡增长稳态。在现有相关海洋经济文献中，胡晓珍（2018）
研究发现海洋经济绿色生产率增长没有条件收敛趋势，分析原因可能在
于在其研究中没有消除经济变量单位根的影响，得出了有偏的结论。

三　log$t$ 检验

　　前文中分析了海洋经济绿色生产率增长呈现条件收敛，环境规制强
度与环境规制工具选择对绿色生产率增长的影响。那么如果不实施环境
规制政策，在环境污染强假定条件下，传统海洋经济生产率增长呈现怎
样的散布？不施加约束，海洋经济生产率能否自动收敛？下面采用
Phillips 和 Sul（2007，2009）提出的 log$t$ 检验。这种评估方法不区分区
域增长差异是由短期的初始条件决定还是由长期的结构差异决定，仅关
注生产率增长最终是否存在收敛状态。

表 7-11　　　　传统海洋全要素生产率与绿色全要素生产率 log$t$ 检验

log$t$	相关系数	标准误	T 统计量
lnSML	-3. 73	1. 98	-1. 88
lnWML	-0. 71	1. 58	-0. 45

　　表 7-11 显示了 log$t$ 检验结果。T 统计量的临界值为-1. 65，对传统
海洋全要素生产率增长检验的 T 值为-1. 88，小于-1. 65，表示在 5% 的

显著性水平上显著拒绝存在收敛的原假设；海洋绿色全要素生产率增长收敛性检验 T 值为 -0.45，大于 -1.65，无法拒绝存在收敛的原假设，这与前面检验结果一致。

通过比较研究发现，如果不实施环境规制，不约束环境问题的发展，海洋经济区域平衡发展的目标难以实现。从理论上讲，假定在环境资源无限支撑经济增长的理想前提下，传统海洋经济增长呈现发散性增长态势，然而伴随着环境资源供给的有限性，以及环境资源超出承载力所带来的报复性影响，海洋经济增长势必面临增长瓶颈，出现停滞甚至是倒退。因此，政府实施环境规制政策，协调环境与经济发展的制衡矛盾具有重大意义，是实现绿色发展，增加海洋经济增长韧性，促进区域海洋经济协调发展的重要途径。

第三节　本章小结

本章对中国沿海 11 个省份及三大经济区 2006—2015 年海洋经济绿色生产率生产指数及其分解进行评估和分析，得出以下结论：

（1）与传统全要素生产率增长相比，考虑环境规制约束测算的海洋经济绿色全要素生产率呈现负向增长，说明现阶段环境规制对海洋经济增长表现出阻滞影响效应，不支持强波特假说。

（2）虽然技术进步是拉动海洋经济生产率增长的主要原因，但是考虑环境问题，注重生态保护后，技术进步对海洋绿色生产率的驱动力显著下降，尤其是 2010 年海洋经济进入重大机遇转换期后，技术进步的驱动力明显不足。分析原因，一是部分省份出现技术衰退；二是沿海地区整体海洋经济技术效率持续下降，而后者是抑制技术进步驱动力发挥的主要原因。

（3）从时间维度上看，2010 年是重要的时间节点，2010 年以前传统全要素生产率增长指数增幅大幅下降，表现出粗放式海洋经济发展逐渐进入发展瓶颈期；海洋经济绿色生产率变动比较平稳，环境规制成本相对较高，但是呈现下降趋势。2010 年进入"十二五"经济结构深度调整期，随着国家海洋经济政策创新、绿色的发展导向，海洋绿色生产率发生巨大波动，2010—2013 年海洋经济绿色发展表现出的波动最为剧烈，2014—2015 年以后这种波动性趋于平稳，环境规制成本显著降低。时间维度的变化体现了海洋经济中的结构变革和增长变革过程。尽管 2010 年以来实施的环境规制更加严格，但是对海洋经济绿色生产率增长的阻滞作用呈现降低趋势。这充分印证了国家推行的节能减排绿色发展战略的改革成效。

（4）从区域维度看，海洋经济绿色生产率增长存在显著区域异质性。沿海三大经济区域中，只有长三角地区在确保减少污染产出的前提下，显示出更高的技术进步增长率，环渤海地区技术进步增长率下降，泛珠三角地区技术进步出现倒退，增长率由 7.61% 降低至-0.40%。

与全国平均水平比较，环渤海地区面临更为糟糕的情况，海洋经济绿色全要素生产率持续负增长，且表现出与技术效率下降高度一致性。当前环渤海地区面临双重压力，一是技术进步驱动力微弱，二是技术无效率对海洋经济增长的严重阻滞作用。长三角地区显示出技术进步对绿色全要素生产率更强的拉动作用，表现出持续增长态势，技术无效率持续增长是影响绿色全要素生产率增速的根本原因。进入结构深度调整期后，需要加强引导长三角地区内部区域交流与合作，尤其是加强由技术极化向技术的扩散与吸收转化。泛珠三角地区技术效率有改善趋势，海洋技术衰退是导致海洋绿色生产率持续下降的主要原因，是泛珠三角地区海洋经济绿色发展的短板。

（5）通过对 2007—2015 年海洋经济前沿面的前移进行分析，结果显示上海是中国海洋经济创新领导者区域。上海海洋绿色生产率增长要高于传统海洋生产率的增长，并且考虑环境规制约束时显示出更高的技术进步增长率。但是在条件收敛分析中，创新领导区域海洋经济绿色生产率增长冲击对整体海洋经济绿色生产率的增长速度没有显著影响，表现出技术进步冲击对海洋经济增长的边际带动效应减弱，这也体现了在海洋经济发展中，技术进步驱动作用不强。

（6）实施环境规制后，中国沿海 11 个省份海洋经济绿色全要素生产率增长率呈现显著收敛趋势。沿海各省市海洋经济绿色生产率增长均具有稳定增长路径，但是由于区域结构差异，不同省市将形成不同的平衡增长稳态，沿海地区海洋经济发展最终达到区域平衡增长稳态。区域环境规制工具的选择对区域海洋经济追赶效应有重要影响，与控制型环境规制工具相比，预防型环境规制更加灵活，更能促进对技术的吸收与创新，加快对技术前沿的追赶；与预防型环境规制工具相比，实施控制型环境规制工具后，成本挤出带来的负面影响大于创新效应的正面影响的偏差进一步增大，表现出对绿色生产率增长更强的负面影响。

第八章　环境规制引导海洋经济绿色发展

党的十八大以来，习近平总书记关于生态环境保护与经济发展的一系列重要论述，立意高远，思想深刻，对深刻认识环境规制与海洋经济发展关系具有重大意义。早在 2013 年，习近平总书记在《海南考察工作结束时的讲话》中指出，生态环境的改善归根结底取决于经济结构和经济发展方式，"经济发展不应是对资源和生态环境的竭泽而渔，生态环境保护也不应是舍弃经济发展的缘木求鱼，而是要坚持在发展中保护，在保护中发展"。环境问题和经济发展可以看作同一个问题的两个方面，最终统一于绿色发展方式和生活方式，推动形成绿色发展方式和生活方式，是发展观的一场深刻革命。党的十九大报告已经明确指出我国当前经济处于"经济发展质量变革、效率变革、动力变革的攻关期"。

结合环境问题与经济发展的辩证统一关系，可以判断，当前海洋经济发展进入通过优化经济结构、转换增长动力解决环境问题，实现海洋经济绿色高质量发展的攻关期。环境保护与经济发展转型的关系密不可分。实施合理的环境规制政策正是实现环境与经济双赢，促进海洋经济绿色发展的必然途径，是当前亟待关注的重要问题。本书基于环境规制与经济发展关系的理论基础，运用 2006—2015 年沿海地区海洋经济面板数据，结合面板门槛模型、空间计量模型、数据包络分析等研究方法系统全面考察环境规制对海洋经济增长的影响效应。本章系统总结本书研究的主要结论，并提出具有可行性的政策建议。

第一节　研究结论

（1）不同类型环境规制对海洋经济技术效率的影响存在较大差异。短期总效应和长期总效应评估中，以工业排污费为代表的预防型环境规制不满足 5%的显著性水平，以工业污染治理投资为代表的控制命令型规制的评估结果具有 5%水平显著性。总体来看，以末端控制为目标的控制型环境规制对海洋经济技术效率有负向影响效应，且负向影响随时间呈现增加趋势。中国预防型环境规制不够严格，收费标准较低，不能完全发挥对环境与海洋经济的调节作用，对海洋经济技术效率没有显著影响；以污染控制治理为主的末端治理投资对海洋经济技术效率产生重要影响，但是由于投入成本过高，一定程度上抑制了海洋经济技术效率的增长。

（2）样本期内，预防型环境规制强度偏低，且随着海洋经济的发展，排污费没有明显增长变化；控制型环境规制强度呈现波动上升趋势。2006—2015 年中国海洋产业面临的环境规制强度变化呈现显著区域性。除天津、上海外，其他沿海省份预防型环境规制强度呈下降趋势。排污标准偏低、范围过窄，长期没有显著提高，随着海洋经济的快速发展，增长缓慢的排污费总额与快速增长的海洋经济总量比值不断降低，从而产生了较低的预防型环境规制强度。控制型环境规制强度在沿海各省市呈现波动性变化，总体上呈现"北高南低"的区域差异。

（3）预防型环境规制在中长期对海洋技术创新有显著促进作用，一定程度上证实了弱波特假说在海洋经济领域是有效的。预防型环境规制与海洋技术创新具有 U 形动态关系。当期预防型环境规制对技术创新活动有显著挤出效应。当期预防型环境规制对技术创新活动的挤出效应首先来自于企业面临环境规制压力对资源要素的再配置过程，在可用资本固定的前提下，增加污染减排、维护与治理支出，必然减少用于研发与创新的资本支出；同时有关环境的研发与创新过程也会对非环境研发创新产生挤出效应。创新引致效应和挤出效应相互作用，使预防型环境规制对海洋技术创新活动产生非线性正负向波动变化，滞后期 3 年的预防型环境规制表现出对海洋技术创新的显著促进作用。

（4）控制型环境规制对海洋技术创新具有显著短期效应，呈现负向挤出作用。实证结果显示，当期控制型环境规制对总专利授权数量和模仿型专利授权数量有显著负向作用，控制型环境规制强度增加 1%，总专利授权数量减少 0.216%，模仿型专利授权数量减少 0.231%；对发明型专利数量没有显著性影响。滞后期控制型环境规制对总专利数量和发明专利数量均无显著性影响；滞后二期控制型环境规制对模仿型海洋技术创新有较小的显著性正向影响。控制型环境规制对技术研发创新的激励作用较弱，仅对技术含量比较低的模仿型创新表现出一定的促进作用。

（5）不同类型环境规制对海洋技术创新的影响具有显著差异，而且对不同类型海洋技术创新的引致效应也具有明显异质性。预防型环境规制对引致海洋技术创新没有显著门槛效应。控制型环境规制存在显著折线型的门槛效应，表现为随着控制型环境规制强度的增加，负向挤出作用有增加趋势。预防型环境规制和控制型环境规制对发明专利型海洋技术创新没有显著门槛效应，说明控制其他影响因素，仅通过增加环境规制强度不能显著提高海洋科技的原始创新能力。对模仿型海洋技术创新的影响，两种类型环境规制均表现出显著门槛效应，且作用方向相反：随着预防型环境规制强度的增加，抑制挤出模仿型海洋技术创新的程度有所增加；而随着控制型环境规制强度的增加，呈现显著促进模仿型海洋技术创新的趋势。

（6）环境规制引致海洋技术创新的能力不仅依赖于实施环境规制的强度，更依赖于对不同类型环境规制工具的选择，以及对区域经济发展水平和人力资源配置的协调与对接。通过门槛效应实证研究表明，经济发展水平和人力资本规模是影响环境规制引致海洋技术创新效应的重要经济变量，只有国家或区域经济发展到一定阶段，人力资源达到一定规模，环境规制引致创新效应才可以产生"双赢"效果：既可以提高企业生产效率，降低生产成本，增加利润率，同时能够有效降低污染排放，减少治污成本。这种"双赢"激励将促使技术创新引致效应弥补甚至超过前期的挤出替代效应，这也是"波特假说"成立的必要条件。

（7）考虑环境规制约束测算的海洋经济绿色全要素生产率呈现负向增长，说明现阶段环境规制对中国海洋经济增长表现出阻滞影响效应，不支持强波特假说。阻滞效应的原因：一方面实施环境规制约束生产活动时，技术进步的正向增长难以有效拉动绿色全要素生产率的增长。虽然技术进步是拉动海洋经济传统生产率增长的主要原因，但是考虑环境问题，注重生态保护后，技术进步对海洋绿色生产率的驱动力显著下降，尤其是2010年海洋经济进入重大机遇转换期后，技术进步的驱动力明显不足。另一方面技术无效率是阻碍海洋经济绿色全要素生产率增长的最主要因素，尤其是以控制型规制为主、预防型规制力度较弱为特征的环境规制结构对改善海洋经济技术效率有负向作用。

（8）2010 年以来实施的环境规制更加严格，但是对中国海洋经济绿色生产率的阻滞作用呈现降低趋势，充分印证了国家推行的节能减排绿色发展战略的改革成效。2010 年是重要的时间节点，2010—2015 年绿色生产率与传统生产率发生巨大波动，差距逐渐缩小。2010—2013 年海洋经济绿色发展表现出的波动最为剧烈，随着海洋经济发展方向的调整、产业结构的升级，2014 年以后这种波动性趋于平稳，在 2015 年末绿色海洋生产率增长指数与传统海洋生产率增长指数差距缩小至 0.016，环境规制成本显著降低。由于制度的不完善，可能在环境规制实施过程中存在隐性环境污染，某些区域的实际环境并未有显著改善；改进生产方式、经营理念，提高资源利用率，创新产品等活动需要经过时间和市场的磨合，在短期内难以实现生产率的提高。这些问题都真实存在于海洋经济活动中，因此海洋经济绿色生产率增长的波动变化是合理的，体现了海洋经济中的结构变革过程。环境治理的机会成本在减小，但是距离促进海洋经济绿色生产率增长仍有很大差距，需要在实践中发现问题，并不断完善改进。

（9）从区域维度看，海洋经济绿色生产率增长存在显著区域异质性。沿海三大经济区域中，只有长三角地区在确保减少污染产出的前提下，显示出更高的技术进步增长率；环渤海地区技术进步增长率下降；泛珠三角地区技术进步出现倒退，增长率由 7.61% 降低至 -0.40%。环渤海地区面临的压力较大，海洋经济绿色全要素生产率持续负增长，且表现出与技术效率下降高度一致性。究其原因一是技术进步驱动力微弱，二是技术无效率对海洋经济增长的严重阻滞作用。长三角地区显示出技术进步对绿色全要素生产率更强的拉动作用，表现出持续增长态势，技术无效率持续增长是影响绿色全要素生产率增速的根本原因。进入结构深度调整期后，需要加强引导长三角地区内部区域交流与合作，尤其是加强由技术极化向技术的扩散与吸收转化。泛珠三角地区技术效率有改善趋势，海洋技术衰退是导致海洋绿色生产率持续下降的主要原因，是泛珠三角地区海洋经济绿色发展的短板。

（10）通过收敛性分析发现：忽视环境规制约束的传统海洋经济生产率增长呈现发散性增长态势；而海洋经济绿色生产率增长存在条件收敛，沿海各省市海洋经济绿色生产率增长均具有稳定增长路径，但是由于区域结构差异，不同省市将形成不同的平衡增长稳态，沿海地区海洋经济发展最终达到区域平衡增长稳态。研究还发现对于相同的区域，当环境规制工具由预防型转变为控制型时，本区域在向稳态收敛速度减小。因此，得出如下结论：通过对环境规制政策进行优化和调整，能够增加海洋经济增长韧性，促进海洋经济的区域协调增长。

第二节　对策建议

一　优化环境规制工具，健全环境规制体系

创新环境规制形式，推动环境规制由政府主导的权威直接规制转向依靠市场机制和法律制度，实现政府、企业、公众和社会多方协同规制，更好地发挥政府在环境规制中的宏观引导和监督服务作用。

第一，从环境规制主体方面，通过共同承担环境质量责任，激发引导企业和社会力量参与环境治理的积极性，形成多方合力共治的环境规制体系。优化政府对海洋经济发展的引导与管理，促进管理意识向服务意识的转换。在当前很长一段时间，环境规制对海洋经济绿色增长发挥负向抑制作用，但是地方政府应该树立信心，不能一味追求"逐底竞争"，而应从整体规制结构视角，注重优化环境规制工具组合，引导环境规制由末端控制向前端预防转变，进一步完善环境税、排污费、排污产权交易等市场规制工具的运行机制，选择"竞相向上"的环境规制策略。

第二，从环境规制工具类型方面，进一步优化工具组合形式。命令控制型环境规制可操作性强，但规制成本较高，而且对技术创新激励作用较弱；市场激励型环境规制工具较为灵活，可以有效激励引致创新，但是对实施环境要求较高，需要成熟的市场机制环境，以及经济和技术能力。因此在进行规制工具选择时，既要考虑不同规制工具的优缺点，同时立足现有的社会情况和制度条件，在实施命令控制型规制工具时，

注意精简执行成本，提高执行效率；同时配合市场激励型规制工具，提高规制的灵活性。为了最大限度减小环境规制执行成本，增加环境规制引致创新效应，政府需要完善环境信息公开制度、监督问责机制，确保排污费、可交易许可证制度、可退还保证金制度、直接补贴，或根据负面环境影响取消补助金、减少市场壁垒等基于市场机制的环境规制工具的有效运行。条件成熟的地区应积极推进环境税费、生态补偿、排污交易、绿色金融等环境经济政策试点与探索。

目前，中国排污收费标准较低，仅为污染治理设施运转成本的50%，对某些项目甚至不到10%，不能有效激励企业进行污染治理，存在污染者宁愿交排污费也不节能减排的现象。因此必须进一步提高环境规制标准，加大规制强度。

第三，结合环境规制对海洋经济技术效率增长的地区异质性，实施差异化环境规制工具和强度。通过研究发现环境规制的空间异质性与我国海洋经济技术效率空间异质性存在较大差异，增加了环境规制对海洋经济技术效率影响的复杂性。因此，地方政府需要因地制宜，在国家政策的宏观背景下，制定符合本区域的环境规制强度。环渤海地区环境规制已具有较严格水平，环境规制对海洋经济技术效率的影响更多地受到区域经济联动水平的限制，尤其是诸如制度基础、市场效率、经济发展水平等。长三角、泛珠三角地区，整体环境规制严格程度较低，环境规制强度偏弱，企业通常更愿意支付污染成本应对环境规制，只有增强环境规制强度，才能有效激励企业转换、升级生产设备和技术，从而提高能源效率和劳动生产率以补偿环境执行成本。

二　创新制度建设，完善环境规制运行环境

构建良好的运行环境，使规制各方主体，遵守"污染者付费、利用者补偿、开发者保护、破坏者恢复"原则，积极主动参与环境治理活动，提高环境规制效率。

第一，构建中央地方政府间、不同涉海管理部门间协调机制，加强环境责任问责与追究，提高环境规制执行效力。不同层级政府间以及不同部门间的利益与责任分担的差异化往往产生环境治理的无效率。这需要在明确界定各政府部门职能责任范围的基础上，充分尊重各政府主体

的意愿，构建畅通的协商与利益分享补偿机制，为海洋规制政策工具的有效执行提供充足的内生动力。同时强化绿色发展理念，改变传统的以GDP作为地方考核标准，建立重大环境决策的合法性审查机制、终身责任追究制度和责任倒查制度等问责机制，坚决杜绝环境治理过程中政府不作为、乱作为的现象。

第二，引导企业转变环境治理动机，由被动变主动，积极参与环境保护与治理。通过制度创新引导企业增强绿色发展意识，主动由被规制者转变为规制主体。因为企业在担负环境治理责任的同时，也可以实现自身生产效率改善、提高资源利用率等，获取更多利益。引导企业承担环境责任意识，需要政府给予相关支持。在制定环境规制标准时，政府可以充分尊重企业要求，在技术信息共享、自愿参与、协商合作的基础上，兼顾政府和企业双方利益达成环境目标协议。

第三，加强以信息公开为特色的环境政策创新，激励环境规制各方主体充分发挥积极主动性参与环境治理活动。信息公开制度并不单纯的以披露与环境相关信息为目的，要改变过于形式化的信息公开；应当加强对于公开信息数量和质量的把关，真正将传递方式落到实处，力求在减少决策者成本的前提下，满足政府、企业、公众做出环境决策的需求。信息公开机制是提高环境规制有效性的重要保障。只有公众具有充分的环境知情权，才能真正实现公众参与，在环境事件中对政府、企业行为进行质疑和监督；只有消费者对产品的环境信息充分了解，才能做出正确的消费选择，实现绿色消费，同时也给生产者发出正确的市场信号；只有企业担负披露环境信息的责任，才能真正激励自身进行绿色生产，并为获取更大利润进行创新改革；只有政府拥有足够的环境信息才能制定具有成本有效性的环境决策。因此，要高度重视环境信息公开机制的创新。

第四，处理好行政与立法之间的关系，加强环境政策的法制化。2014年修订的《中华人民共和国环境保护法》和2017年修订的《中华人民共和国海洋环境保护法》是新时期对海洋经济活动进行环境规制的重要基础和依据，各级政府需要围绕这些基本法律，进一步完善推进环境治理的法律制度，尤其需要积极推进环境行政执法与刑事司法的有效衔接。

三 调整产业结构，促进绿色发展

沿海地区海洋经济的持续发展面临环境约束与经济增长方式转型双重压力，实施合理的环境规制是解决保护环境与经济增长"两难局面"的关键措施。实施严格的环境规制，通过内化环境污染问题等方式提高利用环境资源的有效性，激励企业进行创新活动，对生产方式、产品结构、技术管理水平等进行相应的调整，获得更大的收益以抵消环境规制成本，进而促进产业结构转型，由资源密集型产业向绿色集约型产业转型。同时，经济增长方式的转变、产业结构的升级又能带动更多的清洁生产投资和新的绿色生产模式和技术创新，从源头上减少环境污染排放和资源的浪费，促进环境规制的实施效率。因此调整产业结构，转变经济增长方式，既是实施严格环境规制的目标之一，更是促进环境规制"双赢"目标的重要措施。

第一，不能一味提高环境规制强度，需要以有效推动区域产业结构转型升级为衡量标准。当前沿海地区海洋经济处于经济结构转型的关键期，要根据不同沿海区域经济发展条件，因地制宜，适当提高环境规制强度，一方面实施严格的环境规制倒逼高能耗、高污染的粗放式发展产业进行生产技术和过程创新，向清洁生产、循环经济等绿色产业转型；另一方面通过内化环境污染成本，激励企业进行环境技术创新，加强环境污染治理，减轻环境污染。最终在整体上有效提升生产率，促进产业绿色发展。

第二，完善环境规制对清洁生产的激励机制，促进污染末端治理向包括源头、过程在内的整体治理转变。目前清洁生产技术成本较高，研发基础较为薄弱，短期内实施清洁生产对经济增长产生阻滞效应，但是长期看有助于经济增长。因此需要灵活的环境规制政策对企业实施激励作用，加速清洁技术创新，实现生产技术由污染型向清洁型转化。一方面从供给侧加大对清洁技术研发的政策倾斜，可以通过项目基金或研发补贴等形式；另一方面从需求侧创造清洁技术应用环境。比如通过多种环境规制工具相结合的方式，尤其是加快排污权交易制度和环境税的推广，引导企业生产过程增加对清洁技术的依赖和需求；通过加强有关环境信息的共享、规范清洁生产审核与监督机制，进一步激发企业对先进生产技术的需求。

第三，加强资源集约化利用，促进资源绿色转型。能源供给能力和环境承载力已不容乐观，绿色发展、建设海洋生态文明已经成为时代要求。改变传统粗放的资源利用方式，集约循环高效利用海洋资源是实现海洋经济绿色发展的重要途径，也是海洋经济新旧动能转换的重要表现形式。

四　推进要素投入结构转型，深化供给侧结构改革

当前海洋经济绿色增长的主要约束仍然表现为供给与需求的结构性不平衡。加强供给侧改革的主导作用，是实现供求关系平衡的重要内容。"四减"（减税、减垄断、减管制、减货币超发）是发挥引导作用的经济工具或手段，深化"三去一降一补"的根本是实现投入要素结构的转化，完成从一般性投入要素组合向高端要素组合的转变。

第一，加强海洋产业人才培养，促进劳动力向人才的转变。随着中国人口红利的消失，机器人时代的到来，经济高端化、智慧化发展趋势，普通劳动力参与生产活动创造的边际价值逐渐递减，投入要素中普通劳动力逐渐向具备海洋专业生产技能的复合人才转变。因此发展海洋专业技能型和研究型人才，对夯实海洋产业人才基础具有重大意义。培育海洋人才，一是创新人才引进机制，积极吸引国内外优秀海洋人才。通过跨地区间实地学习考察和召开人才与项目洽谈会等多种形式，引进人才智力，进行项目对接，打造海洋人才引进品牌。二是创新人才培养机制，增强人才内生产出活力。首先积极利用本地海洋类科研院所，鼓励加强海洋工程装备、海洋新能源、海洋生物等优势专业学科建设，加大对海洋职业技能教育和实训基地的支持力度。其次，制定完善的海洋人才配套政策，在工作基础配套、生活便利环境、人才成长空间等多方面为海洋人才的发展创造良好条件，促进人才培养与企业发展的对接。

第二，优化资本投入结构，促进投资规模向投资质量与效益的转变。从生产角度讲，资本是传统的生产要素，资本投入数量和规模决定了产业的生产能力。从需求角度讲，资本投入即投资，是投资、消费和出口中相对稳定的拉动力。可以说，投资不仅是经济转型升级的底盘和硬支撑，更是绿色发展的发动机。基于当前的经济发展阶段，在很长一

段时期，投资仍是带动海洋经济绿色增长的主要动力。目前在产业生产过程中，资本投入偏重要素规模扩张，而忽视了生产要素效益的提升；偏重单纯产品生产过程，而忽视了技术研发与创新活动的投资。传统投资结构已丧失对经济的拉动力，投资边际收益呈现递减趋势。要实现海洋经济绿色增长，合理的投资结构将发挥"先行军"的导向作用。

第三，资本投入结构的优化方向和措施主要有：一是转变传统投资理念，生产过程中，加大投入促进传统要素与知识、资本等智慧资源的融合，增加研发资本投入，加强对生产模式、管理方式创新的投资力度，提高投资的科技含量。二是强化问题与目标导向，指导投资方向与投资重点，引领投资结构的调整。三是在新旧动能交叠过程中，以重点大项目为依托，加大对海洋工程装备制造等产业融合度高、价值链长的高端产业的投资力度，促进产业的高端化、规模化；以投资"互联网+"创新模式，加大对互联网、大数据等新兴业态的投资力度。四是拓展融资渠道，为优化投资结构提供充足资金源。加强金融产品的特色化与专业化，通过多家银行联盟形式建立互联网涉海金融服务平台，提升金融服务效率，创新金融服务机制，提高直接融资比例。有效防控金融风险，降低准入门槛、放款市场准入，规范引导民间资本的注入海洋经济发展，发展涉海民间金融机构，拓宽融资渠道。

五　整合创新要素，增强创新驱动

创新驱动既依赖于劳动力、资本、资源等普通要素投入和知识、技术、人才等高级要素投入，但又不是二者简单的叠加，创新驱动超越了要素驱动，是普通要素与高级要素以符合市场导向的方式深度融合，在一定条件产生的促进社会经济持续发展的动力源泉。环境规制的引致创新效应不足，因而难以诱导创新要素对传统要素的重组。

第一，积极培育科技、知识等高级生产要素，推动要素投入结构的优化。技术进步、人力资本提升、信息化、知识增长等投入要素的升级是实现海洋经济绿色发展的重要发动机。加大知识、信息、技术等高级要素在生产生活中的比重。当前新一代互联网、大数据、3D打印、物联网、机器人、人工智能、虚拟现实、新材料、生物科技等技术不断实现突破，带动了海洋生物、海水淡化、现代海洋服务业、海洋高端装备制造等产业的发展。加深高级要素与传统生产要素融合程度，促进产业融合，产生新业态、新模式，为传统海洋产业焕发生机创造了条件。

第二，加大绿色科技投入，提升技术创新水平。不同类环境规制工具对海洋技术创新活动短期和长期影响差异明显，在宏观协调不同环境规制工具类型实施强度和范围的同时，要根据短期和中长期的影响特征，逐渐完善与海洋技术创新发展相匹配的环境政策与监督制度。实证结果也反映出中国现阶段海洋技术创新投入的严重不足。环境规制对海洋技术创新短期内的显著负效应，与 Blind（2012）、Acosta 等（2015）的研究相符，学者们认为企业面对严格环境规制所付出的环境规制成本短期内对技术创新投入产生显著挤出效应，投入不足进而制约了科技专利数量的增加。因此增加海洋科技创新资本投入是增加环境规制引致创新的重要措施。

第三，以市场为导向，释放企业创新活力完善以涉海企业创新为主体，以市场需求为导向的技术创新机制。充分发挥涉海企业在投资决策、研发重点的主动性，通过科技创新服务平台，整合科技创新资源，形成与企业直接对接的创新链。以科技创新产业示范基地等为依托，加强龙头引导作用，设立专业化众创空间，积极建设引导大众创业万众创新的服务体系。创新要素是稀缺资源，需要根据海洋产业结构调整有效配置，尤其要针对长期制约海洋产业转型升级的重大技术瓶颈精准发力，有重点、有计划地进行海洋产业共性关键技术创新攻关，依托海洋产业技术创新联盟，加强核心技术自主创新能力，形成具有自主知识产权、核心竞争力的技术群体性创新体系，实现创新链与产业链的融合。

第四，聚焦海洋科技国际前沿，深化海洋科技合作。通过与中国科学院、中国工程院等国内著名科研院所签订战略合作协议，在人才交流、平台建设等方面深化合作，建立完善以股权为纽带的产学研合作机制，促进优质海洋科技创新资源的融合，加强创新要素驱动引领作用。以政府间协议为基础，拓展海洋科技国际合作交流的国家和学科，完善以项目为纽带的跨国海洋科技合作研究和人才联合培养机制，促进涉海科研机构国际交流与合作活动的全面深入开展。推动海洋教育国际联盟建设，使之成为提升海洋人才培养能力、吸聚国外优秀海洋人才的重要平台。支持海洋科技界广泛参与国际海洋科学合作研究计划，对参加国际海洋科学合作研究做出重要贡献的海洋科学家给予表彰和奖励。

附　录

第五章测算的沿海11个省份2006—2015年海洋经济技术效率值

年份\地区	2006	2007	2008	2009	2010	2011	2012	2013	2014	2015	年均效率（百分比）
天津	0.8618	0.8510	0.8455	0.8337	0.8930	0.9182	0.9026	0.9126	0.9143	0.9017	0.88
河北	0.6708	0.6694	0.6650	0.5314	0.5789	0.6544	0.6369	0.6332	0.6462	0.6395	0.63
辽宁	0.6078	0.6124	0.6140	0.6065	0.6103	0.6284	0.6123	0.6103	0.6002	0.5518	0.61
上海	0.8213	0.8218	0.8179	0.7315	0.7983	0.8223	0.8142	0.8267	0.8279	0.8450	0.87
江苏	0.8463	0.8899	0.8632	0.8773	0.8928	0.9072	0.8820	0.8577	0.8641	0.8694	0.87
浙江	0.7178	0.7274	0.7307	0.7464	0.7485	0.7622	0.7427	0.7304	0.7118	0.7228	0.73
福建	0.7945	0.8035	0.7956	0.7974	0.7958	0.8087	0.7764	0.7780	0.7966	0.8097	0.80
山东	0.8493	0.8509	0.8507	0.8327	0.8430	0.8595	0.8271	0.8100	0.8207	0.8157	0.84
广东	0.7977	0.7712	0.7981	0.7903	0.8113	0.8283	0.8059	0.7942	0.8073	0.8065	0.80
广西	0.8274	0.8108	0.8012	0.7786	0.7995	0.8537	0.8325	0.8414	0.8444	0.8473	0.82
海南	0.8173	0.8162	0.8004	0.7716	0.7812	0.8143	0.7763	0.7806	0.7574	0.7754	0.79

参考文献

［美］保罗·萨缪尔森、［美］威廉·诺德豪森：《经济学》（第18版），萧琛译，人民邮电出版社 2008 年版。

蔡乌赶、周小亮：《中国环境规制对绿色全要素生产率的双重效应》，《经济学家》2017 年第 9 期。

陈德敏、张瑞：《环境规制对中国全要素能源效率的影响——基于省际面板数据的实证检验》，《经济科学》2012 年第 4 期。

陈菁泉、刘伟、杜重华：《环境规制下全要素生产率逆转拐点的空间效应基于省际工业面板数据的验证》，《经济理论与经济管理》2016 年第 5 期。

陈诗一：《中国的绿色工业革命：基于环境全要素生产率视角的解释（1980—2008）》，《经济研究》2010 年第 11 期。

丁黎黎、朱琳、何广顺：《中国海洋经济绿色全要素生产率测度及影响因素》，《中国科技论坛》2015 年第 2 期。

［美］德怀特·H.波金斯、［美］斯蒂芬·拉德勒、［美］戴维·L.林道尔：《发展经济学》，彭刚译，中国人民大学出版社 2013 年版。

杜利楠、栾维新、孙战秀：《中国沿海省区海洋科技竞争力动态演变测度》，《中国科技论坛》2015 年第 8 期。

戴彬、金刚、韩明芳：《中国沿海地区海洋科技全要素生产率时空格局演变及影响因素》，《地理研究》2015 年第 2 期。

狄乾斌、梁倩颖：《中国海洋生态效率时空分异及其与海洋产业结构响应关系识别》，《地理科学》2018 年第 10 期。

［美］菲利普·阿格因、［美］彼得·豪伊特：《增长经济学》，杨斌译，中国人民大学出版社 2011 年版。

盖美、刘丹丹、曲本亮：《中国沿海地区绿色海洋经济效率时空差异及影响因素分析》,《生态经济》2016 年第 12 期。

何玉梅、罗巧:《环境规制、技术创新与工业全要素生产率——对"强波特假说"的再检验》,《软科学》2018 年第 4 期。

[美] 赫尔曼·E. 戴利、[美] 乔舒亚·法利:《生态经济学原理和应用 (第二版)》,金志农、陈美球、蔡海生等译,中国人民大学出版社 2014 年版。

黄平、胡日东:《环境规制与企业技术创新相互促进的机理与实证研究》,《财经理论与实践》2010 年第 1 期。

黄恒学:《公共经济学》,北京大学出版社 2002 年版。

胡鞍钢、郑京海、高宇宁:《考虑环境因素的省级技术效率排名 (1999—2005)》,《经济学》(季刊) 2008 年第 3 期。

胡晓珍:《中国海洋经济绿色全要素生产率区域增长差异及收敛性分析》,《统计与决策》2018 年第 17 期。

纪玉俊、张彦彦:《我国区域海洋经济发展的效率评价研究——基于 SBM 模型和 Malmquist-Luenberger 指数的实证分析》,《广东海洋大学学报》2016 年第 2 期。

纪建悦、王奇、任文菡:《我国海洋经济增长方式的实证研究——基于超越对数生产函数随机前沿模型》,《第十九届中国管理科学学术年会论文集》,2017 年。

金碚:《"十二五"开局之年的中国工业》,《中国工业经济》2012 年第 7 期。

金海:《20 世纪 70 年代尼克松政府的环保政策》,《世界历史》2006 年第 3 期。

经济合作与发展组织:《环境管理中的经济手段》,张世秋、李彬译,中国环境科学出版社 1996 年版。

姜旭朝、赵玉杰:《环境规制与海洋经济增长空间效应实证分析》,《中国渔业经济》2017 年第 5 期。

江柯:《我国环境规制的历史、制度演进及改进方向》,《改革与战略》2010 年第 6 期。

江珂、卢现祥:《环境规制与技术创新——基于中国 1997—2007 年省际面板数据分析》,《科研管理》2011 年第 7 期。

匡远凤、彭代彦：《中国环境生产效率与环境全要素生产率分析》，《经济研究》2012 年第 7 期。

蓝艳、周国梅：《中国与德国循环经济比较研究》，《环境保护》2016 年第 17 期。

李静：《中国区域环境效率的差异与影响因素研究》，《南方经济》2009 年第 12 期。

李平、慕绣如：《波特假说的滞后性和最优环境规制强度分析——基于系统 GMM 及门槛效果的检验》，《产业经济研究》2013 年第 4 期。

李小胜、宋马林：《环境规制下的全要素生产率及其影响因素研究》，《中央财经大学学报》2015 年第 1 期。

李小胜、安庆贤：《环境管制成本与环境全要素生产率研究》，《世界经济》2012 年第 12 期。

李挚萍：《20 世纪政府环境管制的三个演进时代》，《学术研究》2005 年第 6 期。

［美］李侃如：《治理中国：从革命到改革》，中国社会科学出版社2010 年版。

刘承智、杨籽昂、潘爱玲：《排污权交易提升经济绩效了吗？——基于 2003—2012 年中国省际环境全要素生产率的比较》，《财经问题研究》2016 年第 6 期。

刘伟明、唐东波：《环境规制、技术效率和全要素生产率增长》，《产业经济研究》2012 年第 5 期。

刘金林、冉茂盛：《环境规制对行业生产技术进步的影响研究》，《科研管理》2015 年第 2 期。

刘海英、尚晶：《中国工业环境规制成本对科技创新的敏感性研究》，《科技管理研究》2017 年第 22 期。

刘和旺、郑世林、左文婷：《环境规制对企业全要素生产率的影响机制研究》，《科研管理》2016 年第 5 期。

吕康娟、程余、范冰洁：《环境规制对中国制造业绿色全要素生产率的影响分析》，《生态经济》2017 年第 4 期。

缪宏：《从生态文明建设的视角看"两部一局"组建的意义——黎祖交教授专访》，《绿色中国》2018 年第 7 期。

彭星、李斌：《不同类型环境规制下中国工业绿色转型问题研究》，《财经研究》2016 年第 7 期。

齐亚伟：《节能减排、环境规制与中国工业绿色转型》，《江西社会科学》2018 年第 3 期。

阮敏：《企业所有权性质、环境规制与发明专利的研发效率》，《软科学》2016 年第 2 期。

冉冉：《中国地方环境政治：政策与执行之间的距离》，中央编译出版社 2015 年版。

沈能：《环境效率、行业异质性与最优规制强度——中国工业行业面板数据的非线性检验》，《中国工业经济》2012 年第 3 期。

沈能、刘凤朝：《高强度的环境规制真能促进技术创新吗？——基于"波特假说"的再检验》，《中国软科学》2012 年第 4 期。

申晨、贾妮莎、李炫榆：《环境规制与工业绿色全要素生产率——基于命令—控制型与市场激励型规制工具的实证分析》，《研究与发展管理》2017 年第 2 期。

孙康、张超、刘峻峰：《金融集聚提升了海洋经济技术效率吗？——基于 IV-2SLS 和门槛回归的实证研究》，《资源开发与市场》2017 年第 5 期。

孙康、付敏、刘俊峰：《环境规制视角下中国海洋产业转型研究》，《资源开发与市场》2018 年第 9 期。

苏为华、王龙、李伟：《中国海洋经济全要素生产率影响因素研究——基于空间面板数据模型》，《财经论丛》2013 年第 3 期。

［美］斯坦利·L. 布鲁伊、［美］坎贝尔·R. 麦克康奈尔、［美］肖恩·M. 弗林：《经济学精要》（第三版），中国人民大学出版社 2015 年版。

汤杰新、唐德才、吉中会：《中国环境规制效率与全要素生产率研究——基于考虑非期望产出的静态和动态分析》，《华东经济管理》2016 年第 8 期。

［美］汤姆·蒂坦伯格、［美］琳恩·刘易斯：《环境与自然资源经济学》（第八版），王晓霞译，中国人民大学出版社 2015 年版。

王志刚、龚六堂、陈玉宇：《地区间生产效率与全要素生产率增长率分解（1978—2003）》，《中国社会科学》2006年第2期。

王兵、王丽：《环境约束下中国区域工业技术效率与生产率及其影响因素实证研究》，《南方经济》2010年第11期。

王兵、吴延瑞、颜鹏飞：《环境管制与全要素生产率增长：APEC的实证研究》，《经济研究》2008年第5期。

王国印、王动：《波特假说、环境规制与企业技术创新——对中东部地区的比较分析》，《中国软科学》2011年第1期。

王佳、盛鹏飞：《环境治理降低中国工业全要素增长了吗？——基于修正方向性距离函数的研究》，《产业经济研究》2015年第5期。

王红梅：《中国环境规制政策工具的比较与选择——基于贝叶斯模型平均（BMA）方法的实证研究》，《中国人口·资源与环境》2016年第9期。

汪劲：《中国环境法原理》，北京大学出版社2006年版。

武建新、胡建辉：《环境规制、产业结构调整与绿色经济增长——基于中国省级面板数据的实证检验》，《经济问题探索》2018年第3期。

许水平、邓文涛、赵一澍：《环境规制、技术创新与全要素生产率——基于对"波特假说"的实证检验》，《企业经济》2016年第12期。

许阳、王琪、孔德智，《我国海洋环境保护政策的历史演进与结构特征——基于政策文本的量化分析》，《上海行政学院学报》2016年第4期。

谢子远：《沿海省市海洋科技创新水平差异及其对海洋经济发展的影响》，《科学管理研究》2014年第3期。

杨朝飞等编著：《海洋经济绿色发展研究报告》，中国环境出版社2015年版。

苑清敏、张文龙、冯冬：《资源环境约束下我国海洋经济效率变化及生产效率变化分析》，《经济经纬》2016年第3期。

余伟、陈强、陈华：《环境规制、技术创新与经营绩效——基于37个工业行业的实证分析》，《科研管理》2017年第2期。

余东华、胡亚男：《环境规制趋紧阻碍中国制造业创新能力提升吗？——基于"波特假说"的再检验》，《产业经济研究》2016年第

2 期。

殷宝庆：《环境规制与我国制造业绿色全要素生产率——基于国际垂直专业化视角的实证》，《中国人口·资源与环境》2012 年第 12 期。

原毅军、刘柳：《环境规制与经济增长：基于经济型规制分类的研究》，《经济评论》2013 年第 1 期。

［美］约翰·C.伯格斯特罗姆、［美］阿兰·兰多尔：《资源经济学——自然资源与环境政策的经济分析（第三版）》，谢关平、朱方明译，中国人民大学出版社 2015 年版。

［美］约瑟夫·P.托梅因、［美］理查德·D.卡达希：《美国能源法》，万少廷、张利宾译，法律出版社 2008 年版。

［日］植草益：《微观规制经济学》，朱绍文等译，中国发展出版社 1992 年版。

赵林、张宇硕、焦新颖：《基于 SBM 和 Malmquist 生产率指数的中国海洋经济效率评价研究》，《资源科学》2016 年第 3 期。

赵昕、赵锐、陈镐：《基于 NSBM-Malmquist 模型的中国海洋绿色经济效率时空格局演变分析》，《海洋环境科学》2018 年第 2 期。

赵霄伟、张帆：《环境规制对地区经济增长的效应分析——基于动态面板 GMM 估计的实证研究》，《开发性金融研究》2018 年第 1 期。

赵立祥等编著：《日本的循环型经济与社会》，科学出版社 2007 年版。

赵立波：《统筹型大部制改革：党政协同与优化高效》，《行政论坛》2018 年第 3 期。

张中元、赵国庆：《FDI、环境规制与技术进步——基于中国省级数据的实证分析》，《数量经济技术经济研究》2012 年第 4 期。

张成、郭炳南、于同申：《污染异质性、最优环境规制强度与生产技术进步》，《科研管理》2015 年第 3 期。

张坤民：《关于中国可持续发展的政策与行动》，中国环境科学出版社 2004 年版。

张坤民、温宗国、彭立颖：《当代中国的环境政策：形成、特点与评价》，《中国人口·资源与环境》2007 年第 2 期。

周晓利：《环境规制与企业技术创新的互动机制研究》，《大连理工大学学报》（社会科学版）2016 年第 2 期。

周宏春、季曦：《改革开放三十年中国环境保护政策演变》，《南京大学学报》（哲学·人文科学·社会科学版）2009 年第 1 期。

郑奕：《中国沿海地区海洋经济环境绩效的评价与分析》，《海洋经济》2014 年第 2 期。

Acemoglu, D., *Introduction to Modern Economic Growth*, Princeton University Press, Oxford, 2009.

Acosta, M., Coronado, D., Romero, C., "Linking Public Support, R&D, Innovation and Productivity: New Evidencefrom the Spanish Food Industry", *Food Policy*, Vol.57, 2015.

Afonso, A., Jalles.J.T., "Growth and Productivity: the Role of Government Debt", *International Review of Economics and Finance*, Vol.25, 2013.

Aghion P., Howitt P., *Endogenous Growth Theory*, Cambridge: Cambridge University Press, 1998.

Aghion, P., Bloom, N., Blundell, R., Griffith, R., Howitt, P., "Competition and Innovation: an Inverted – U Relationship", *Quarterly Journal of Economics*, Vol.5, 2005.

Aghion, P., Howitt, P., "A Model of Growth through Creative Destruction", *Econometrica*, Vol.60, 1992.

Aghion, P., Howitt, P., "Appropriate Growth Policy: A Unifying Framework", *Journal of the European Economic Association*, Vol.4, No.2 – 3, 2006.

Alesina, A., Passarelli, F., "Regulation Versus Taxation", *Journal of Public Economics*, Vol.110, 2014.

Alexander Chudik, Kamiar Mohaddes, M. Hashem Pesaran, Mehdi Raissi, "Is There a Debt – threshold Effect on Output Growth?" *Cambridge Working Papers in Economics*, No.3, 2015.

Alpay, E., Buccola, S., Kerkvliet, J., "Productivity Growth and Environmental Regulation in Mexican and U.S.Food Manufacturing", *American Journal of Agricultural Economics*, Vol.84, No.4, 2002.

Ambec S., Barla, P.A., "Theoretical Foundation to the Porter Hypothesis", *Economics Letter*, Vol.75, No.3, 2002.

Ambec, S., Cohen, M. A., Elgie, S., Lanoie. P., "The Porter Hypothesis at 20: Can Environmental Regulation Enhance Innovation and Competitiveness?" *Review of Environmental Economics and Policy*, Vol. 7, No. 1, 2013.

Andre, J. F., Gonzales, P., Portiero, N., "Strategic Quality Competition and the Porter Hypothesis", *Journal of Environmental Economics and Management*, Vol.57, No.2, 2009.

Andreoni, J., Levinson.A., "The Simple Analytics of the Environmental Kuznets Curve", *Journal of Public Economics*, Vol.80, No.2, 2001.

Andrews, D.W.K., P.Guggenberger, "Hybrid and Size-corrected Subsampling Methods", *Econometrica*, Vol.77, 2009.

Antweiler, W., Copeland, B.R., Taylor, M.S., "Is FreeTrade Good for the Environment?" *American Economic Review*, Vol.91, No.4, 2001.

Areal, F.J., Balcombe, K., R.Tiffin, "Integrating Spatial Dependence into Stochastic Frontier Analysis", *The Australian Journal of Agricultural and Resource Economics*, Vol.56, 2012.

Arellano, M., Bond, S., "Some Tests of Specification for Panel Data: Monte Carlo Evidence and an Application to Employment Equations", *The Review of Economic Studies*, Vol.58, No.2, 1991.

Arellano, M., Bover, O., "Another Look at the Instrumental Variable Estimation of Error - components Models", *Journal of Econometrics*, Vol. 68, 1995.

Arimura, T., Hibiki, A., Johnstone, N., "An Empirical Study of Environmental R&D: What Encourages Facilities to be Environmentally-Innovative?" Paper Prepared for the OECD Conference on Public Environmental Policy and the Private Firm in Washington D.C., June14-15, 2005.

Arrow, K. J., "The Economic Implications of Learning by Doing", *Review of Economic Studies*, Vol.80, 1962.

Barbera, A.J., McConnell, V.D., "The Impact of Environmental Regulations on Industry Productivity: Direct and Indirect Effects", *Journal of En-*

vironmental Economics and Management, Vol.18, No.1, 1990.

Battese, G. E., Coelli, T. J., "A Model for Technical Inefficiency Effects in a Stochastic Frontier Production Function for Panel Data", *Empirical Economics*, Vol.20, 1995.

Battese, G.E., Coelli, T.J., "Prediction of Firm-Level Technical Efficiencies with a Generalized Frontier Production Function and Panel Data", *Journal of Econometrics*, Vol.38, 1988.

Baum, A., Checcherita - Westphal, C., Rother, P., "Debt and Growth: New Evidence for the Euro Area", *Journal of International Money and Finance*, Vol.32, 2013.

Baumol, W. J., *The Free - Market Innovation Machine - analysing the Growth Miracle of Capitalism*, Princeton University Press, New Jersey, 2002.

Beise, M., Rennings, K., "Lead Markets and Regulation: a Framework for Analyzing the International Diffusion of Environmental Innovations", *Ecological Economics*, Vol.52, No.1, 2005.

Berman, E., Bui, L. T. M., "Environmental Regulation and Productivity: Evidence from Oil Refineries", *Review of Economics and Statistics*, Vol.83, No.3, 2001.

Betz, R., Sato, M., "Missions Trading: Lessons Learnt from the 1st Phase of the EU ETS and Prospects for the 2nd Phase", *Climate Policy*, Vol. 6, No.4, 2006.

Biswo, N., Poudel, Krishna, P., Paudel, David, Zilberman, "Agricultural Productivity Convergence: Myth or Reality?" *Journal of Agricultural and Applied Economics*, Vol.43, No.1, 2011.

Blind, K., "The Influence of Regulations on Innovation: a Quantitative Assessment for OECD Countries", *Research Policy*, Vol.4, 2012.

Blundell, R., Bond, S., "Initial Conditions and Moment Restrictions in Dynamic Panel Data Model", *Journal of Econometrics*, Vol. 87, No. 1, 1998.

Boyd, G.A., McClelland, J.D., "The Impact of Environmental Constraints on Productivity Improvement in Integrated Paper Plants", *Journal of*

Environmental Economics and Management, Vol.38, No.2, 1999.

Braga, H., Willmore, L., "Technological Imports and Technological Effort: an Analysis ofTheir Determinants in Brazilian Firms", *Journal of Industrial Economics*, Vol.39, No.3, 1991.

Brock, William A., Taylor, M.Scott, "The Green Solow model", *Journal of Economic Growth*, Vol.15, No.2, 2010.

Brunneimer, S., Cohen, M., "Determinants of Environmental Innovation in US Manufacturing Industries", *Journal of Environmental Economics and Management*, Vol.45, 2003.

Brännlund, R., Lundgren, T., "Environmental Policy without Costs? A Review of the Porter Hypothesis", *International Review of Environmental and Resource Economics*, Vol.2, 2009.

Calel, Rafael, Dechezleprêtre, Antoine, "Environmental Policy and Directed Technological Change: Evidence from the European Carbon Market", Grantham Research Institute on Climate Change and the Environment, Working Paper No.75, 2012.

Cameron, Gavin, "The Sun Also Rises: Productivity Convergence between Japan and the USA", *Journal of Economic Growth*, Vol.10, 2005a.

Cameron, G., J. Proudman, S. Redding, "Technological Convergence, R&D, Trade and Productivity Growth", *European Economic Review*, Vol. 49, No.3, 2005b.

Caner, M., Hansen, B. E., "Instrumental Variable Estimation of a Threshold Model", *Econometric Theory*, Vol.20, 2004.

Carrion - Flores, Innes, "Environmental Innovation and Environmental Performance", *Journal of Environmental Economics and Management*, Vol. 59, No.1, 2010.

Caudill, S.B., Ford, J.M., Gropper, D.M., "Frontier Estimation and Firm−Specific Inefficiency Measures in the Presence of Heteroscedasticity", *Journal of Business & Economic Statistics*, Vol.13, 1995.

Caudill, S.B., Ford, J.M., "Biases in Frontier Estimation Due to Heteroscedasticity", *Economics Letters*, Vol.4, 1993.

Caves, D., Christensen, L., Diewert, W., "The Economic Theory of Index Numbers and the Measurement of Input, Output, and Productivity", *Econometrica*, Vol.50, No.6, 1982.

Chakraborty, P., Chatterjee, C., "Does Environmental Regulation Indirectly Induce Upstream Innovation? New Evidence from India", *Research Policy*, Vol.46, No.5, 2017.

Chambers, R.G., Chung, Y., Färe, R., "Benefit and distance function", *Journal of Economic Theory*, Vol.70, 1996.

Chambers, R. G., Chung, Y., Färe, R., "Profit, Directional Distance Function and Nerlovian Efficiency", *Journal of Optimisation Theory and Applications*, Vol.98, No.2, 1998.

Chapin, F.S., E.S., Zavaleta, V.T., Eviner, R.L., Naylor, P.M., Vitousek, H.L., Reynolds, D.U., Hooper, S., Lavorel, O.E., Sala, S. E., Hobbie, M.C., Mack, S., Diaz, "Consequences of Changing Biodiversity", *Nature*, Vol.405, 2000.

Chatzistamoulou, N., Diagourtas, G., Kounetas, K., "Do Pollution Abatement Expenditures Lead to Higher Productivity Growth? Evidence from Greek Manufacturing Industries", *Environmental Economics and Policy Studies*, Vol.19, No.1, 2017.

Chen, Y.-Y., Schmidt, P., Wang, H.-J., "Consistent Estimation of the Fixed Effects Stochastic Frontier Model", *Journal of Econometrics*, Vol. 18, No.2, 2014.

Chintrakarn, P., "Environmental Regulation and U. S. States'Technical Inefficiency", *Economics Letters*, Vol.100, No.3, 2008.

Chung, Y. H., Färe, R., Grosskopf, S., "Productivity and Undesirable Outputs: A Directional Distance Function Approach", *Journal of Environmental Management*, Vol.51, No.3, 1997.

Cimadomo, Jacopo, "Fiscal Policy in Real Time", *The Scandinavian Journal of Economics*, Vol.114, No.2, 2012.

Clift, R., Wright, L., "Relationships between Environmental Impacts and Added Value along the Supply Chain", *Technological Forecasting and So-*

cial Change, Vol.65, 2000.

Collins, Robert, M., *More: The Politics of Economic Growth in Postwar America*, New York: Oxford University Press, 2000.

Colombi, R., Kumbhakar, S. C., Martini, G., Vittadini, G., "Closed-Skew Normality in Stochastic Frontiers with Individual Effects and Long/Short-Run Efficiency", *Journal of Productivity Analysis*, Vol.42, No. 2, 2014.

Conway, Paul, Donato de Rosa, Giuseppe, Nicoletti, Faye, Steine, "Product Market Regulation and Productivity Convergence", *OECD Economic Studies*, Vol.43, No.2, 2006.

Copeland, B. R., Taylor, M. S., " Trade, Growth and the Environment", NBER Working Paper No.w9823, 2003.

Costantini, V., Crespi, F., Marin, G., Paglialunga, E., "Eco-innovation, Sustainable Supply Chains and Environmental Performance in European Industries", *Journal of Cleaner Production*, Vol.155, 2017.

Cramer, Phillip, F., *Deep Environmental Politics: The Role of Radical Environmentalism in Crafting American Environmental Policy*, Westport: Praeger Publishers, 1998.

Dang, V.A., Kim, M., Shin, Y., "Asymmetric Capital Structure Adjustments: New Evidence from Dynamic Panel Threshold Models", *Journal of Empirical Finance*, Vol.19, 2012.

Dasgupta, P., Heal, G., " Optimal Depletion of Exhaustible Resources", *TheReview of Economic Studies*, Vol.41, 1974.

Dong-hyun, Oh., " A Global Malmquist-Luenberger Productivity Index", *Journal of Productivity Analysis*, Vol.34, No.3, 2010.

Dufour C, Lanoie, P., Patry, M., " Regulation and productivity ", *Journal of Productivity Analysis*, Vol.9, 1998.

Durlauf, S.N., Johnson, P.A., Temple, R.W., "Growth Econometrics", *Handbook of Economic Growth*, 2005.

Elhorst, J.P., *Spatial Panel Data Models*, SpringerBriefs in Regional Science book series, 2010.

Ellerman, D., "Note on the Seemingly Indefinite Extension of Power Plant Lives, A Panel Contribution", *The Energy Journal*, Vol. 19, No. 2, 1998.

Enders, W., B. L. Falk, P. Siklos, "A Threshold Model of Real U. S. GDP and the Problem of Constructing Confidence Intervals in TAR Models", *Studies in Nonlinear Dynamics and Econometrics*, Vol.11, 2007.

Erin, Baker, Ekundayo, Shittu, "Profit-maximizing R&D in Response to a Random CarbonTax", *Resource & Energy Economics*, Vol. 28, No. 2, 2006.

Franco, C., Marin, G., "The Effect of Within-sector, Upstream and Downstream Energy Taxed on Innovation and Productivity", *Environmental and Resource Economics*, Vol.66, No.2, 2017.

Franco, C., Marin, G., "The Effect of Within-sector, Upstream and Downstream Energy Taxed on Innovation and Productivity", FEEM Working Paper, 103, 2013.

Frondel, M., Horbach, J., Rennings, K. "End-of-Pipe or Cleaner Production? An Empirical Comparison of Environmental Innovation Decision-sacross OECD Countries", *Business Strategy and the Environment*, Vol.16, No.8, 2007.

Fujii, H., Managi, S., Kawahara, H., "The Pollution Release and Transfer Register System in the US and Japan: an Analysis of Productivity", *Journal of Cleaner Production*, Vol.19, No.12, 2011.

Fung, M.K., "Are Knowledge Spillovers Driving the Convergence of Productivity Among Firms?" *Economica*, Vol.72, 2005.

Färe, R., Grosskopf, S., Lovell, C. A. K., Pasurka, C., "Multilateral Productivity Comparison When Some Output are Undesirable: A Non Parametric Approach, *The Review of Economics and Statistics*, Vol.71, No.1, 1989.

Färe, R., Grosskopf, S., Pasurka C., "Estimating Pollution Abatement Costs: A Comparison of 'Stated' and 'Revealed' Approaches", Social Science Research Network (SSRN), 2003-12-17.

Färe, R., Grosskopf, S., Pasurka, Jr., C. A., "Accounting for Air Pollution Emissionsin Measures of State Manufacturing Productivity Growth", *Journal of Regional Science*, Vol.41, No.3, 2001.

Färe, R., Grosskopf, S., Pasurka, Jr., C. A., "Environmental Production Function and Environmental Directional Distance Function", *Energy*, Vol.32, 2007a.

Färe, R., Grosskopf, S., Pasurka, Jr. C. A., "Pollution Abatement Activities and Traditional Productivity", *Ecological Economics*, Vol.62, No. 3-4, 2007b.

Färe, R., Grosskopf, S., "Intertemporal Production Frontiers: With Dynamic DEA", *Journal of the Operational Research Society*, Vol.48, No. 6, 1997.

Färe, R., Grosskopf, S., "Modeling Undesirable Factors in Efficiency Evaluation: Comment", *European Journal of Operational Research*, Vol. 157, 2004.

Gabel, H.L., Sinclair-Desgagnd, B., "The Firm, its Routines, and the Environment", *The International Yearbook of Environmental and Resource Economics 1998-1999*, Edward Elgar, Cheltenham, 1997.

Geroski, P. A., "Innovation, Technological Opportunity and Market Structure", *Oxford Economic Papers*, Vol.42, No.3, 1990.

Gillingham, K., R. Newell, K. Palmer, "Energy Efficiency Economics and Policy", *Annual Review of Resource Economics*, Vol.1, 2009.

Gollop, F.M., Roberts, M.J., "Environmental Regulations and Productivity Growth: The Case of Fossil-fueled Electric Power Generation", *Journal of Political Economy*, Vol.91, No.4, 1983.

Gonzalo, J., M. Wolf, "Subsampling Inference in Threshold Autoregressive Models", *Journal of Econometrics*, Vol.127, 2005.

Goulder, L. H., S. Schneider, "Induced Technological Change, Crowding out, and the Attractiveness of CO2 Emissions Abatement", *Resource and Environmental Economics*, Vol.21, No.3-4, 1999.

Gray, W.B., Shadbegian, R.J., "Plant Vintage, Technology, and Environmental Regulation", *Journal of Environmental Economics and Management*, Vol.46, No.3, 2003.

Gray, W. B., Shadbegian, R. J., "Pollution Abatement Expenditures and Plant-level Productivity: A Production Function Approach", *Ecological Economics*, Vol.54, No.2-3, 2005.

Greaker, M., "Spillovers in the Development of New Pollution Abatement Technology: a New Look at the Porter - hypothesis", *Journal of Environmental Economics and Management*, Vol.52, 2006.

Greene, W.H., "Distinguishing Between Heterogeneity and Inefficiency: Stochastic Frontier Analysis of the World Health Organization Panel Data on National Care Systems", *Health Economics*, Vol.13, 2005a.

Greene, W.H., "Fixed and Random Effects in Stochastic Frontier Models", *Journal of Productivity Analysis*, Vol.23, 2005b.

Greenstone, M., List, J.A., Syverson, C., "The Effects of Environmental Regulation on the Competitiveness of U.S. Manufacturing", MIT Department of Economics Working Paper No.12-24, 2012.

Hadri, K., "Estimation of a Doubly Heteroscedastic Stochastic Frontier Cost Function", *Journal of Business & Economic Statistics*, Vol.17, 1999.

Hallegatte, S., J.-C.Hourcade, P.Dumas, "Why Economic Dynamics Matter in Assessing Climate Change Damages: Illustration on Extreme Event", *Ecological Economics*, Vol.62, No.2, 2007.

Hallegatte, S., "How Economic Growth and Rational Decisions can Make Disaster Losses Grow Faster than Wealth Policy", Research Working Paper, The World Bank, No.5617, 2011.

Hamamoto, M., "Environmental Regulation and the Productivity of Japanese Manufacturing Industries", *Resource and Energy Economics*, Vol. 28, 2006.

Hanley, N., Barbier, E. B., "Pricing Nature: Cost Benefit Analysis and Environmental Policy", *European Review of Agricultural Economics*, Vol. 37, No.4, 2010.

Hanna, R., "The Effect of Pollution on Labor Supply: Evidence from a

Natural Experiment in Mexico City", NBER Working Paper, No. 17302, 2001.

Hansen, B.E., "Sample Splitting and Threshold Estimation", *Econometrica*, Vol.68, 2000.

Hansen, B.E., "Threshold Effects in Non-dynamic Panels: Estimation, Testing, and Inference", *Journal of Econometrics*, Vol.93, 1999.

Harrison, A., Hyman, B., Martin, L., Nataraj, S., "When Do Firms Go Green? Comparing Price Incentives with Command and Control Regulations in India", NBER Working Paper, 2015.

Hays, Samuel, P., *A History of Environmental Politics Since* 1945, University of Pittsburgh Press, 2000.

Hicks, J.R., *The theory of wages*, London: Macmillan, 1963.

Im, K., H.Pesaran, Y.Shin, "Testing for Unit Roots in Heterogeneous Panels", *Journal of Econometrics*, Vol.115, 2003.

Jaffe, A.B., Newell, R.G., Stavins, R.N., "Environmental Policy and Technological Change", *Environmental and Resource Economics*, Vol. 22, 2002.

Jaffe, A.B., Newell, R.G., Stavins, R.N., "Technological Change and the Environment", *Handbook of Environmental Economics*, Elsevier Science Publishers, 2003.

Jaffe, A.B., Palmer, K., "Environmental Regulation and Innovation: A Panel Data Study", *Review of Economics and Statistics*, Vol.79, 1997.

Johnstone, Nick, Ivan Haščič, Julie Poirier, Marion Hemar, "Christian.Michel Environmental Policy Stringency and Technological Innovation: Evidence from Survey Data and Patent Counts", *Applied Economics*, Vol.44, No.17, 2012.

Jondrow, J., Lovell, C.A.K., Materov, I.S., Schmidt, P., "On the Estimation of Technical Inefficiency in the Stochastic Frontier Production Function Model", *Journal of Econometrics*, Vol.19, 1982.

Julián, Ramajo, José Manuel Cordero, Miguel Ángel Márquez, "European Regional Efficiency and Geographical Externalities: A Spatial Nonparametric Frontier Analysis", *Journal of Geographical Systems*, Vol. 19, No. 4, 2017.

Keane, M., Neal, T., "The Keane and Runkle Estimator for Panel - data Models with Serial Correlation and Instruments that are not Strictly Exogenous", *Stata Journal*, Vol.16, 2016.

Keeler, E., Spence, M., Zeckhauser, R., "The Optimal Control of Pollution", *Journal of Economic Theory*, Vol.4, 1971.

Kiso T., "Environmental Policy and Induced Technological Change: Evidence from Automobile Fuel Economy Regulations", *Environmental and Resource Economics*, Vol.74, No.2, 2019.

Kneller, R., Manderson, E., "Environmental Regulations and Innovation Activity in UK Manufacturing Industries", *Resource and Energy Economics*, Vol.34, No.2, 2012.

Koopmans, T.C., "An Analysis of Production as an Efficient Combination of Activities", *Activity Analysis of Production and Allocation*, 1951.

Kumbhakar, S.C., Ghosh, S., Mcguckin, J.T., "A Generalized Production Frontier Approach for Estimating Determinants of Inefficiency in U.S. Dairy Farms", *Journal of Business & Economic Statistics*, Vol.9, 1991.

Kumbhakar, S.C., Lien, G., Hardaker, J.B., "Technical Efficiency in Competing Panel Data Models: A Study of Norwegian Grain Farming", *Journal of Productivity Analysis*, Vol.41, No.2, 2014.

Kuntze, U., "Regulation and Innovation: Empirical Links in Plastics Recycling", Final report, Karlsruhe [Fraunhofer - Institut für System - und Innovations for schung (ISI)], No.9, 1999.

Lanjouw, J.O., Mody, A., "Innovation and the International Diffusion of Environmentally Responsive Technology", *Research Policy*, Vol. 25, 1996.

Lanoie, P., J.Lucchetti, N., Johnstone, S.Ambec, "Environmental Policy, Innovation and Performance: New Insights on the Porter Hypothesis", *Journal of Economics and Management Strategy*, Vol.20, 2011.

Lanoie, P., Patry, M., Lajeunesse, R., "Environmental Regulation and Productivity: Testing the Porter Hypothesis", *Journal of Productivity Analysis*, Vol.30, No.2, 2008.

Leibenstein, H., "Allovative Efficiency vs 'X - efficiency'", *The American Economic Review*, Vol.56, No.3, 1966.

Liu, Yucan, C. Richard Shumway, Robert Rosenman, V. Eldon Ball, "Productivity Growth and Convergence in U.S. Agriculture: New Cointegration Panel Data Results", *Applied Economics*, Vol.43, 2011.

Ljungwall, C., Linde - Rahr, M., "Environmental Policy and the Location of Foreign Direct Investment in China", China Center for Economic Research, Working Paper, No.E 2005009, 2005.

Lof, Matthijs, Malinen, Tuomas, "Does Sovereign Debt Weaken Economic Growth? A Panel VAR Analysis", *Economics Letters*, Vol.122, No. 3, 2014.

Lovell, C. A. K., Pastor, J. T., Turner, J. A., "Measuring Macroeconomic Performance in the OECD: A Comparison of European and Non-European Countries", *European Journal of Operational Research*, Vol.87, 1995.

Lucas, R., "On the Mechanics of Economic Development", *Journal of Monetary Economics*, Vol.22, 1988.

Macdermott, R., "Panel Study of the Pollution - haven Hypothesis", *Global Economy Journal*, Vol.1, 2009.

Majumdar, S.K., Marcus A.A., "Rules Versus Discretion: The productivity Consequences of Flexible Regulation", *The Academy of Management Journal*, Vol.44, No.1, 2001.

Managi, S., Opaluch, J.J., Jin, D., Grigalunas, T.A., "Environmental Regulations and Technological Change in the Offshore Oil and Gas Industry", *Land Economics*, Vol 81, No.2, 2005.

Mansfiel, E., *Industrial Research and Technological Innovation: An Econometric Analysis*, Norton Press, New York, 1968.

McCunn, A., W. Huffman, "Convergence in U.S. Productivity Growth for Agriculture: Implications of Interstate Research Spillovers for Funding Agricultural Research", *American Journal of Agricultural Economics*, Vol.

82, 2000.

Meinshausen, M., Meinshausen, N., Hare, W., Raper, S.C., Frieler, K., Knutti, R., Frame, D. J., Allen, M. R., "Greenhouse - gas Emission Targets for Limiting Global Warming to 2℃", *Nature*, Vol. 458, 2009.

Melnyk, S. A., Sroufe, R. P., Calantone, R., "Assessing the Impact of Environmental Management Systems on Corporate and Environmental Performance", *Journal of Operations Management*, Vol.21, No.3, 2003.

Mohr, R.D., "Technical Change, External Economies, and the Porter Hypothesis", *Journal of Environmental Economics and Management*, Vol. 43, 2002.

Morakinyo, Adetutu, Anthony, J. Glass, Karligash, Kenjegalieva, Robin C. Sickles, "The Effects of Efficiency and TFP Growth on Pollution in Europe: A Multistage Spatial Analysis", *Journal of Productivity Analysis*, Vol.43, No.3, 2015.

Naveed, A., Ahmad, N., "Labour Productivity Convergence and Structural Changes: Simultaneous Analysis at Country, Regional and Industry Levels", *Naveed and AhmadEconomic Structures*, Vol.12, 2016.

Newell, R.G., Jaffe, A.B., Stavins, R.N., "The Induced Innovation Hypothesis and Energy-saving Technological Change", *The Quarterly Journal of Economics*, Vol.114, No.3, 1998.

Pagiola, S., von Ritter, K., J.Bishop, "Assessing the Economic Value of Ecosystem Conservation", The World Bank, Environment Paper No. 101, 2004.

Perino, G., Requate, T., "Does More Stringent Environmental Regulation Induce or Reduce Technology Adoption? When the Rate of Technology Adoption is Inverted U - shaped", *Journal of Environmental Economics and Management*, Vol.64, No.3, 2012.

Peuckert, J., "What Shapes the Impact of Environmental Regulation on Competitiveness? Evidence from Executive Opinion Surveys", *Environmental Innovation and Societal Transitions*, Vol.10, 2014.

Phillips, P. C. B., Sul, D., "Economic Transition and Growth", *Journal of Applied Econometrics*, Vol.24, 2009.

Phillips, P.C.B., Sul, D., "Transition Modeling and Econometric Convergence Tests", *Econometrica*, Vol.7, 2007.

Pitt, M., L.-F.Lee, "The Measurement and Sources of Technical Inefficiency in the Indonesian Weaving Industry", *Journal of Development Economics*, Vol.9, No.1, 1981.

Ploeg, F., Withagen, C., "Pollution Control and the Ramsey Problem", *Environmental and Resource Economics*, Vol.1, 1991.

Popp, D., "International Innovation and Diffusion of Air Pollution Control Technologies: the Effects of NOX and SO_2 Regulation in the US, Japan, and Germany", *Journal of Environmental Economics and Management*, Vol.51, 2006.

Porter ME, van der Linde C., "Toward a New Conception of the Environment-competitiveness Relationship", *The Journal of Economic Perspectives*, Vol.9, No.4, 1995.

Porter ME, "America's Green Strategy", *Scientific American*, Vol.264, No.4, 1991.

Rehfeld, K. - M, Rennings, K, Ziegler, A., "Integrated Product Policy and Environmental Product Innovations: An Empirical Analysis", ZEW-Centre for European Economic Research Discussion Paper, No. 04 - 071, 2004.

Reinhard, S., Lovell, C.A.K., Thijssen, G., "Econometric Estimation of Technical and Environmental Efficiency: An Application to Dutch Dairy Farms", *American Journal of Agricultural Economics*, Vol.81, 1999.

Rexhäuser, S., Rammer, C., "Environmental Innovations and Firm Profitability: Unmasking the Porter Hypothesis", *Environmental and Resource Economics*, Vol.57, 2014.

Roberto, Ezcurra, Belén, Iráizoz, Manuel, Rapún, "Regional Efficiency in the European Union", *European Planning Studies*, Vol.16, No. 8, 2008.

Rodrik, D., Subramania, A., "Why did Financial Globalization Disappoint?", *IMF Staff Papers*, Vol.56, No.1, 2009.

Roediger-Schluga, T., "Some Micro-evidence on the "Porter Hypothesis" fromAustrian VOC Emission Standards", *Growth and Change*, Vol. 34, 2003.

Romer, P., "Endogenous Technological Change", *Journal of Political Economy*, Vol.98, 1990.

Rothfels, J., "Environmental Policy under Product Differentiation and Asymmetric Costs: Does Leapfrogging Occur and is it Worth it?" *Environmental Economics and the International Economy*, Kluwer Academic Publishers, Dordrecht, 2002.

Rothwell, R., "Successful Industrial Innovation: Critical Factors for the 1990s", *R&D Management*, Vol.22, No.3, 1992.

Rubashkina Y., Galeotti M., Verdolini E., "Environmental Regulation and Competitiveness: Empirical Evidence on the Porter Hypothesis from European manufacturing sectors", *Energy Policy*, Vol.83, 2015.

Rubashkina, Y., Galeotti, M., Verdolini, E., "Environmental Regulation and Competitiveness: Empirical Evidence on the Porter Hypothesis fromEuropean Manufacturing Sectors", *Energy Policy*, Vol.83, 2015.

Schaffer, A., Simar, L., Raulan, J., "Decomposing Regional Efficiency", *Journal of Regional Science*, Vol.51, No.5, 2011.

Scheel, H., "Undesirable Outputs in Efficiency Valuations", *European Journal of Operational Research*, Vol.132, 2001.

Scherer, F.M., "Market Structure and the Employment of Scientists and Engineers", *The American Economic Review*, Vol.57, 1967.

Schumpeter, J.A., *Capital, Socialism and Democracy*, Harper Brothers, New York, 1942.

Seiford, L.M., Zhu, J., "Modeling Undesirable Factors in Efficiency Evaluation", *European Journal of Operational Research*, Vol.142, 2002.

Seo, M.H., Y.Shin, "Dynamic Panels with Threshold Effect and Endogeneity", *Journal of Econometrics*, Vol.195, 2016.

Shephard, R.W., *Theory of Cost and Production Functions*, Princeton, NJ: Princeton University Press, 1970.

Simpson, R.D., Bradford, R.L., "Taxing Variable Cost: Environmental Regulation as Industrial Policy", *Journal of Environmental Economics and Management*, Vol.30, No.3, 1996.

Solow, R.M., "A Contribution to the Theory of Economic Growth", *The Quarterly Journal of Economics*, Vol.70, 1956.

Stavins, R. N., Jaffe, A. B., Newell, R. G., "Environmental Policy and Technological Change", FEEM Working Paper No.26, 2002.

Telle, K., Larsson, J., "Do Environmental Regulations Hamper Productivity Growth? How Accounting for Improvements of Plants' environmental Performance can Change the Conclusion", *Ecological Economics*, Vol. 61, No.2-3, 2007.

Thomas Broberg, Per-Olov Marklund, Eva Samakovlis, Henrik Hammar, "Testing the Porter Hypothesis: the Effects of Environmental Investments on Efficiency in Swedish industry", *Journal of Productivity Analysis*, Vol.40, No.1, 2013.

Tsurumi, T., Managi, S., "Decomposition of the Environmental Kuznets Curve: Scale, Technique and Composition Effects", *Environmental Economics and Policy Studies*, Vol.11, No.1, 2010.

Vladimir Arčabić, Josip, Tica, Junsoo, Lee, Robert, J. Sonora, "Public Debt and Economic Growth Conundrum: Nonlinearity and Inter-temporal Relationship", *Studies in Nonlinear Dynamics & Econometrics*, Vol. 2, 2018.

Wang, H.-J., Ho, C.-W., "Estimating Fixed-Effect Panel Stochastic Frontier Models by Model Transformation", *Journal of Econometrics*, Vol. 157, 2010.

Wang, H.-J., "Heteroscedasticity and Non-Monotonic Efficiency Effects of a Stochastic Frontier Model", *Journal of Productivity Analysis*, Vol. 18, 2002.

Wang, Qunyong, "Fixed-effect Panel Threshold Model Using Stata",

The Stata Journal, Vol.15, No.1, 2015.

Wooldridge, Jeffrey, *Econometric Analysis of Cross Section and Panel Data*, Mit Press: Cambridge, MA, 2002.

Wu, Yanrui, "Has Productivity Contributed to China's Growth?" *Pacific Economic Review*, Vol.8, 2003.

Xepapadeas, A., de Zeeuw, A., "Environmental Policy and Competitiveness: the Porter Hypothesis and the Composition of Capital", *Journal of Environmental Economics and Management*, Vol.37, No.2, 1999.

Xie, Rong – hui, Yuan, Yi – jun, Huang, Jing – jing, "Different Types of Environmental Regulations and Heterogeneous Influence on 'Green' Productivity: Evidence from China", *Ecological Economics*, Vol.132, 2017.

Yang, Chih – Hai, Yu – Hsuan Tseng, Chiang – Ping Chen, "Environmental Regulations, Induced R&D, and Productivity: Evidence from Taiwan's Manufacturing Industries", *Resource and Energy Economics*, Vol. 34, 2012.

Young, Alwyn, "Gold into Base Metals: Productivity Growth in the People's Republic of Chinaduring the Reform Period", *Journal of Political Economy*, Vol.111, No.6, 2010.

Yuan, Baolong, Xiang, Qiulian, "Environmental Regulation, Industrial Innovation and Green Development of Chinese Manufacturing: Based on an Extended CDM Model", *Journal of Cleaner Production*, Vol. 176, 2018.

Zenghelis, D., Stern, N., "Principles for a Global Deal for Limiting the Risks from Climate Change", *Environmental and Resource Economics*, Vol. 43, 2009.

Zhao, X.L., Zhao, Y., Zeng, S.X., Zhang, S.F., "Corporate Behavior and Competitiveness: Impact of Environmental Regulation on Chinese Firms", *Journal of Cleaner Production*, Vol.86, 2015.

后　记

本书是在我的博士论文的基础上修改而成的，由山东社会科学院出版资助项目资助出版。在本书付梓之际，回首在中国海洋大学的四年学习生活，安静而充实，收获颇丰，既有专业学识的跃阶，更有修心处世的哲理。"求学有阶段，求知无止境"，感慨万千。

工作十年后再次走进象牙塔，感受那份恬静与美好，得到了诸多老师、同学、朋友和亲人的帮助，没有你们的鼓励和帮助，本书不可能顺利完成，在此向你们表示最诚挚的感谢。

首先，特别感谢我的导师姜旭朝教授。能成为姜老师的门生是缘分更是我的荣幸。姜老师渊博的学识，严谨的治学态度，坦荡的为人风范，举手投足间透露的智慧与修养，无不让我敬佩不已，并激励督促我不断进步。感谢老师在专业理论学习中给予的耐心指导，推荐我系统地读了大量经济理论著作，指导我建立经济学理论架构，掌握经济学研究方法；感谢老师在为人处世上给予的点拨和启迪，每一次和老师交谈，如醍醐灌顶，使我能够更深入地思考，并更好地处理学习与工作中遇到的问题；感谢老师授之以渔的谆谆教诲，教导我做学问先做人，并启迪我体会人生、品味人生。这些将是我终生宝贵的财富，犹如灯塔指引并激励我不断前行。

同时，感谢我的工作单位——山东社会科学院海洋经济文化研究院的领导和同事在工作和学习上给予的诸多关心和帮助，让我可以全身心投入博士学习中；感谢山东社会科学院创造的良好科研环境以及给予的科研经费支持，让我寻找到科研工作与博士学习的最佳契合点，收获工作和学习的共同进步；感谢中国海洋大学经济学院各位老师给予的教导和帮助，是你们严谨的治学精神，引领我系统地学习经济学专业知识，达到博士学习高度。

最后，感谢我的同门和各位同窗。独学而无友，则孤陋而寡闻。四年的学习虽然短暂，但与你们充分而深入的交流，让我得以采众家之长，补己之短。是你们的一路扶持和宽慰，鼓励我渡过写作的心理焦躁期，最终坚持下来。愿每位同学铭记初心、友谊长存。

工作后读博并不轻松，时常会有灰暗、负能量爆棚的时候。幸运的是，我有家人的包容与理解，一路陪伴鼓励。感谢我的父母，你们普通而平凡，却用一生的操劳，默默地关心和支持我。感谢我的先生王涛对我所有的包容和无条件的支持。更感谢我的儿子王照坤，你的纯真、快乐始终是我前行的鼓励和安慰。希望你健康快乐地学习成长；希望你长大后有取悦自己的能力，有遇到善良人们的好运气；更希望你始终拥有砥砺前行的勇气。

在本书的写作中，参阅、借鉴了许多学者和专家的研究思路和成果；本书能够顺利出版，得益于中国社会科学出版社编辑的耐心与帮助，在此一并表示衷心感谢。由于本人水平和能力的限制，本书仍有许多不足之处，恳请学者和专家给予批评指正。

赵玉杰

2019 年 11 月 25 日于青岛